EL PERFECTO CEREBRO IMPERFECTO

DR. EDUARDO CALIXTO

EL PERFECTO CEREBRO IMPERFECTO

Descubre cómo tu cerebro te ayuda
a superar temores e incertidumbres
y a lograr bienestar y felicidad

El papel utilizado para la impresión de este libro ha sido fabricado a partir de madera
procedente de bosques y plantaciones gestionadas con los más altos estándares ambientales,
garantizando una explotación de los recursos sostenible con el medio ambiente y beneficiosa para las personas.

El perfecto cerebro imperfecto

Descubre cómo tu cerebro te ayuda a superar temores e incertidumbres y a lograr bienestar y felicidad

Primera edición: noviembre, 2020
Primera reimpresión: febrero, 2021
Segunda reimpresión: mayo, 2021
Tercera reimpresión: julio, 2021

D. R. © 2020, Eduardo Calixto

D. R. © 2021, derechos de edición mundiales en lengua castellana:
Penguin Random House Grupo Editorial, S. A. de C. V.
Blvd. Miguel de Cervantes Saavedra núm. 301, 1er piso,
colonia Granada, alcaldía Miguel Hidalgo, C. P. 11520,
Ciudad de México

penguinlibros.com

D. R. © Penguin Random House / Amalia Ángeles, por el diseño de portada
D. R. © iStock by Getty Images, por las ilustraciones de portada
D. R. © fotografía de Eduardo Calixto, cortesía del autor

ISBN: 978-607- 319-136-4

Impreso en México – *Printed in Mexico*

A Nando:
mi hermano, ícono de lucha, de amor y ejemplo;
a su alma sencilla, sincera y llena de amor.

ÍNDICE

Capítulo 2.
Lo que no le ayuda al cerebro

Capítulo 3.
Análisis para funcionar mejor

A manera de presentación

El cerebro humano tiene un antecedente genético de 4 000 millones de años de evolución, no es el cerebro más grande entre los animales, pero sí el que tiene una mayor cantidad de neuronas en una densidad pequeña, menor, comparada con otros mamíferos, lo que le garantiza una gran eficiencia. Nuestro cerebro evoluciona de una sola neurona a 100 000 millones de neuronas en nueve meses; antes de nacer puede alcanzar una velocidad de división de 250 000 neuronas por minuto y realizar 30 000 conexiones por segundo.

El cerebro humano integra información a gran velocidad, discrimina con exactitud, compara experiencias, prevé y planifica el futuro y toma decisiones; sin duda es un cerebro privilegiado. Tiene un lenguaje, desarrolla una gran plasticidad neuronal al mismo tiempo que puede reconocer sus capacidades y limitaciones, entiende el impacto ecológico de su desarrollo, integra culturas y es capaz de construir interacciones inmediatas de comunicación a través de redes sociales.

La inteligencia humana ha permitido viajar por aire, mar o tierra a grandes velocidades, ha explorado el espacio, incluso puede trasplantar órganos a su cuerpo, entre miles de cosas que hace excepcional su actividad. Nuestras neuronas nos permiten apreciar el arte, llorar en un atardecer o emocionarnos al ver una pintura y apreciar la música, son capaces de construir el amor y cuidar nuestra descendencia. Sin embargo, el número de neuronas no es infinito, y después de cierta edad, pierde gradualmente sus células y disminuye sus capacidades, en especial la memoria. Nuestro cerebro se enferma, se obsesiona y es capaz de atentar en contra de sí mismo. El cerebro humano no es perfecto, es vulnerable, nos confundimos, malinterpretamos, editamos nuestros recuerdos.

De estas cuestiones y muchas más se ocupa *El perfecto cerebro imperfecto*, pues el cerebro es el órgano más evolucionado y, al mismo tiempo, el más susceptible de enfermedades.

Este libro está dividido en tres capítulos: el primero señala cómo la cotidianidad tiene eventos positivos y negativos que inciden directamente en la función de nuestro cerebro. Desde un análisis de la importancia del orden, el valor del perdón y la importancia que tiene en su funcionamiento cierto tipo de alimentos y bebidas, hasta la descripción de la necesidad de dormir bien y cómo existe una reciprocidad y determinismo entre aspectos biológicos, psicológicos y sociales.

El segundo capítulo habla de qué aspectos no le ayudan al cerebro y están presentes en nuestra realidad: discutir los tiempos difíciles, lo prohibido, por qué decide lesionarse y cómo la fatiga y algunos elementos pueden incidir negativamente en sus funciones. El tercer capítulo es un análisis de varias actividades y acciones que podemos llevar a cabo para que el cerebro funcione mejor, procurando con ello explicar lo que nos haría bien para cambiar algunas secuencias, entendernos mejor y, por supuesto, favorecer las cosas buenas que hacemos todos los días gracias a ese órgano maravilloso que es nuestro cerebro, un órgano perfecto que por momentos puede llegar a ser imperfecto.

CAPÍTULO 1

La cotidianidad de lo bueno y lo malo

EL ORDEN Y EL CEREBRO

Al cerebro le gusta el orden, la organización, el control. En todos los aspectos de la vida, la manifestación del orden revela un cerebro más organizado, desde nuestra apariencia física en el lugar en donde estamos, hasta el orden de un armario. Cuando el cerebro mantiene orden y control en las circunstancias que lo rodean, se siente más tranquilo y experimenta condiciones de placer más intensas. Recientemente Marie Kondo llegó a las redes sociales, especialmente en YouTube y a través de sus libros, para mostrarnos que las conexiones neuronales de nuestro cerebro tienen muchos beneficios cuando se realiza el orden adecuado y se procura mantenerlo. Desde los consejos más simples como reunir ropa por tamaño, colores, jerarquizar el uso y la manera de doblar la ropa, los resultados inmediatos son evidentes y derivan en un mejor control de las condiciones habituales en la vivienda. La sensación de control, de prevención, así como de hacer más eficiente el tiempo, le han dado la razón sobre la importancia que tiene el orden para conceder seguridad; pero en caso de no tenerlo, genera caos, molestias, procrastinación, así, el desorden se vuelve la base en el proceso de posponer decisiones. El orden tiene efectos inmediatos sobre nuestra conducta: nos lleva a una sensación relajante, proporciona una percepción de satisfacción, el incremento de la autoestima y, sobre todo, el efecto de control.

El orden es importante en nuestra vida, no se trata de más o menos inteligencia, de muchas o pocas neuronas, pero sí se relaciona con la optimización de espacios y tiempos a través de un orden de pensamiento y las proyecciones de tiempo y lugar. Tenemos un cerebro que jerarquiza ideas, prioridades, incluso atención a personas en nuestra vida. Aprendemos la importancia del orden y de organizar a partir de los cinco años, como un proceso de juego, inicialmente divertido. Sin embargo, gradualmente la organización se complica cuando el cerebro adquiere información, otorga valores de importancia y proyección de las cosas o personas, hasta generar poco a poco sesgos que se aprenden desde la casa y se retroalimentan socialmente. De no aprender la relevancia del orden, los límites y la proyección de nuestros alcances en el tiempo comprendido entre los siete y los 14 años, el cerebro tenderá a ser desorganizado en la etapa adulta, a emanar conductas desafiantes y desajustar socialmente la toma de decisiones y el cumplimiento de las normas de una adecuada convivencia.

La importancia de saber tender la cama no debe pasar por un simple hecho de cumplir una tarea, sino de generar en el cerebro un hábito; un hábito que normalmente al cumplirlo favorece la organización del desempeño, promueve la satisfacción y es la base de la procuración del respeto. Esta tarea se aprende adecuadamente en la primera infancia y la adolescencia, no *otorgarla* encamina al cerebro hacia una posible desorganización intelectual y a una falla en la optimización de los elementos básicos para tener orden en la casa. La disciplina se aprende en procesos cortos. Aprender con disciplina conlleva gradualmente a la organización y conexión de grupos neuronales asociados a la memoria, la atención, el aprendizaje y las conductas relacionadas con la satisfacción.

Los núcleos cerebrales involucrados directamente en el desarrollo y aprendizaje de la disciplina y el orden son los mismos que se utilizan en los recuerdos, las satisfacciones, la interpretación de conductas y la toma de decisiones. Estudios técnicos para valorar la anatomía y fisiología del cerebro, como la resonancia magnética y la tractografía funcional, nos permiten saber que es posible identificar que la generación de un hábito o un cambio de ideas es necesaria para tener una motivación lo suficientemente fuerte, lo cual ocurre por el incremento de sustancias motivantes como la endorfina y la dopamina. Semejante a esto, durante un periodo de 28 días repetir la actividad que genera el hábito de manera constante e ininterrumpida conlleva a una construcción y reorganización de conexiones neuronales que permitan modificar los tiempos de reacción, aprendizaje e interpretación de la nueva tarea, y crear un hábito. De esta manera, aprender una nueva actividad, tener orden, modificar la disciplina o adquirir un nuevo hábito implica realizarlo por lo menos durante 28 días consecutivos; si se interrumpe este proceso, ello incide en no aprenderlo o tergiversarlo, trastocarlo y no cumplir la estrategia conductual que el cambio anatómico neuronal otorga; el hábito —aunque se tenía motivación al principio— no tendrá los cambios neuronales suficientes para mantenerlo. Las redes neuronales de los módulos de toma de decisiones de la corteza prefrontal que cambian las conductas de la amígdala cerebral y el núcleo accumbens (áreas cerebrales relacionadas con las emociones) tardan por lo menos cuatro semanas para modificar la sinapsis (unión funcional entre neuronas), que será la base de los nuevos cambios en la conducta y la forma de pensar.

La motivación no requiere sólo de un cambio, así como la base del éxito de tener buenos hábitos y un adecuado orden no sólo se basa en motivación, es esencial realizar constantemente la actividad con buen ánimo que a su vez permita mayor eficiencia neuronal.

Enséñale a tu cerebro quién manda

1) Tener y mantener el orden es importante para muchas actividades que realiza el cerebro durante toda su vida. Un cerebro en un ambiente en el que predomina el desorden es más fácil que caiga en depresión y ansiedad.

2) Para tener orden en la vida es necesario formar hábitos, éstos no son tan simples de iniciar y mucho menos mantener, es importante tener la motivación para empezarlos y la madurez para no interrumpirlos.

3) Las redes neuronales involucradas en el orden son también las que ocupan la motivación, el aprendizaje, la interpretación de conductas y las sensaciones placenteras.

———————————

TÚ PUEDES SER EL MEJOR

¿Quién no ha admirado las hazañas deportivas de Pelé o de Cristiano Ronaldo? ¿Cuántas veces nos ha emocionado el Super Bowl con jugadores fuera de serie? ¿Quién no ha sentido una gran seducción por la ejecución de un violinista o la voz de un cantante al desarrollar su trabajo y llevarnos a la evocación sutil y la grata emoción? ¿Qué es lo que hace a mujeres y hombres virtuosos, dignos de admiración, cuyo arte los muestra distintos a la gran mayoría de los seres humanos? Todos en común poseen características biológicas y psicológicas que los convierten en los mejores en su trabajo. Recientemente, en el campo de las neurociencias, se inició un debate acerca de qué es lo que puede hacer un ser humano común y corriente para tener las capacidades distintas para realizar excepcionalmente bien un deporte, una obra de arte o cualquier cosa que practique.

La disciplina está detrás de cualquier cerebro con experiencia y que ostenta la característica de ser experto en lo que hace. Por ejemplo, un músico profesional, no mayor de 25 años, para ejecutar una pieza musical sin errores, se estima que ha pasado más de 10 000 horas en promedio practicando (por ejemplo, si durante un año se dedicara ocho horas diarias a realizar una actividad, esto daría un total de 2 920 horas por año, es decir necesitaríamos 3.4 años para ver los efectos de una dedicación tan ardua), reponiéndose de reprimendas, identificando tiempos correctos y encontrando las fallas motoras en su accionar.

Sin embargo, muchas personas han pasado más de 10 000 horas realizando su trabajo, pero este tiempo no las hizo expertas e inmunes a los errores; es decir, antes de los 40 años de edad seguramente muchos habremos manejado más de 10 000 horas nuestro automóvil y no por eso lo haremos como pilotos de Fórmula 1. Para ser los mejores en lo que hacemos, el cerebro debe tener práctica constante, con retroalimentación y siempre motivado para mejorar: no siempre es divertido, la gran mayoría del camino tiene sacrificios para generar aprendizaje, en ocasiones se pasa por un sendero de muchas lágrimas. De esta manera, el primer dato que se debe reconocer para ser los mejores en lo que hacemos es repetir tantas veces como sea necesario lo que mejor sabemos hacer, y que esta disciplina quede patente en la memoria que guarda nuestro hipocampo y sepamos motivarla en los momentos oportunos.

Un cantante de clase mundial, un atleta que ha roto todas las marcas o un magnífico escritor tienen en común haber heredado los genes de sus padres. La genética también es fundamental para realizar nuestra cotidianidad. No sólo es importante la motivación y la disciplina, también es fundamental tener genes que nos permitan convertirnos en campeones del mundo, escribir textos notables, pintar grandes obras... la herencia también se convierte, por momentos, en un factor determinante. Nuestra inteligencia, carácter, capacidad muscular, talla, incluso agudeza visual dependen de nuestras ventajas genéticas. Es necesario reconocer que los coeficientes de herencia son muy altos para los músicos, matemáticos y deportistas. Este talento natural no significa nada si no se asocia con disciplina.

El ser humano pertenece a una especie que necesita de la experiencia del contacto social. La oxitocina es una hormona que se encuentra tras la formación de vínculos y apegos. Entre más abrazos recibimos, nuestro cerebro libera más oxitocina, lo cual nos otorga pertenencia social, genera indulgencia y nos hace decir más la verdad. Un elemento fundamental para convertirnos en los mejores en lo que hacemos es sentirnos parte de un grupo, de una gran familia, de un gran conjunto de compañeros. Un excelente médico necesita de un gran grupo de colaboradores, un cantante depende de su banda y un magnífico jugador de futbol necesita de la conexión con su equipo. Los mejores equipos desarrollan fuertes relaciones de trabajo. Los grandes equipos saben sus fortalezas y debilidades, establecen hábitos y generan estilos; hasta las estrellas individuales necesitan en algún momento de un equipo para fortalecer su rendimiento. Ningún ser humano triunfa solo. Los grandes logros, las mejores producciones y los mejores rendimientos se logran en conjunto. Tener al lado a un grupo talentoso ayuda mucho a la genética y a la disciplina.

Ser el mejor en lo que se hace por momentos genera egoísmo y promueve la individualidad. El ego, el orgullo y la falsa superioridad acompañan a veces a los grandes artistas, a algunos deportistas y a muchos profesionales, quienes buscan sentirse aclamados, captar los reflectores y la fama. Sin embargo, tienen en común la fecha de caducidad de su arrogancia. Un último punto esencial, que se encuentra atrás de las mentes brillantes, es no sentirse superiores, por el contrario, un cerebro es mejor cuando sabe compartir y es generoso. Nobleza obliga; las acciones de las mejores personas son las que nos han hecho más creativos y exitosos, de ahí la importancia de saber agradecer y compartir. Es importante ver el vitral de la obra completa, a la que algunos aportaron más que otros; sin embargo, en la obra de nuestra vida debemos saber agradecer, pues con ello la neuroquímica del cerebro nos permitirá sabernos parte de un grupo y nos motivará a buscar nuevos proyectos. Si bien no todos los seres humanos son buenos, la gran mayoría aún busca ayudar a los demás, y esto sí los hace superiores, pues son responsables, en parte, del éxito de los demás.

Enséñale a tu cerebro quién manda

1) Para destacar y ser los mejores en lo que hacemos, debemos combinar cuatro puntos básicos: disciplina, genética, sentirnos parte de un grupo y saber agradecer.

2) Si bien no existen fórmulas básicas para el éxito, es importante trabajar duro para mejorar, saber elegir tareas estratégicas conociendo nuestros dones naturales, elegir bien el grupo de colaboradores y familiarizarnos con ellos, además de ayudar a los demás.

3) No todos los problemas se resuelven de la misma forma, pero saber combinar cuatro puntos esenciales en el cerebro nos acerca más a la solución de problemas.

LA AMISTAD BENEFICIA LA SALUD

La amistad tiene una gran importancia en la plasticidad neuronal y en la salud de los seres humanos. Un amigo de verdad es aquel que, como un espejo, nos ayuda a lograr el desarrollo de nuestra propia identidad. El cerebro tiene la capacidad anatómica, neuroquímica y fisiológica para sentir, desarrollar y comprender la amistad. Una verdadera amistad logra una dimensión química en nuestro cerebro para conectar neuronas, desarrollar circuitos de memoria y aprendizaje que permiten recuerdos permanentes, momentos de placer que son la esencia de momentos nostálgicos.

Un verdadero amigo influye en la vida. En particular, la amistad adolescente goza de mayor impacto en la construcción de la confianza y la personalidad, pues a través de esta amistad se aprende y se desarrolla la lealtad, el entendimiento de exclusividad e intercambio de cordialidad. El cerebro aprende gradualmente con la amistad en la adolescencia la competencia y el afianzamiento de grupos.

La oxitocina es la hormona que favorece la amistad, el apego, la unión, y ayuda a decir la verdad; la oxitocina está detrás de los grandes eventos de generosidad, honestidad y altruismo. Esta hormona se encuentra muy relacionada con los vínculos sociales, el amor y la adhesión familiar. Es la hormona que nos hace ser parte de grupos y cuyos vínculos sociales nos han hecho una especie gregaria. Nuestros primeros amigos de la infancia, sin que lo supiéramos, desarrollaron grandes apegos; estas primeras amistades fueron creando algunos tipos de reglas sociales y vínculos de intercambio de información que sólo nuestros verdaderos amigos lograron en nuestra vida.

Un verdadero amigo, que nos genera oxitocina, copia conductas positivas más rápido, las reconoce, y éstas incrementan simpatía y fomentan relaciones a largo plazo. Un amigo también motiva, le permite al cerebro liberar beta-endorfinas, adrenalina y serotonina; un amigo se puede convertir en una persona adictiva, analgésica y, sobre todo, un confidente. De tal manera que los lazos que se inician en las primeras amistades de la infancia, cuando se rompen, suelen generar al cerebro un gran sentimiento de amargura y tristeza.

Cuidar una amistad a medida que envejecemos beneficia la salud mental y física, entre más amigos se hayan hecho en la infancia se favorece más un cerebro sano, feliz y satisfecho. Tener el apoyo de amistades disminuye la incidencia de enfermedades crónico-degenerativas. Estudios recientes indican que la amistad iniciada en la infancia o la adolescencia y que se prolonga (en promedio una convivencia de entre seis y 16 años) en la etapa adulta de la vida, deriva en una mejor salud; ocurre lo contrario con quienes no convivieron con amistades o se la pasaron en soledad.

La relación positiva entre la salud y los contactos sociales de las personas en la infancia y la adolescencia es cuantitativa después de los 30 años. Aquellos individuos que durante su niñez vivieron experiencias en conjunto con amigos de edades semejantes y experiencias positivas en promedio, a partir de los 32 años, tienen un índice de masa corporal más bajo que aquellos que refieren no haber tenido una infancia con buenos amigos.

Asimismo, la gran mayoría de los sujetos que pertenecieron a grupos escolares, equipos y conjuntos semejantes refieren tener presión arterial en promedio más baja que aquellos individuos solitarios en la adolescencia; estos últimos tienden a la hipertensión. Algunas variables etiológicas fueron consideradas en estas investigaciones, como tipo de alimentación, ejercicio y factores genéticos. La soledad de la adolescencia sí trasciende en los valores de la actividad cardiovascular del futuro adulto.

Las buenas amistades fomentan el bienestar físico y psicológico de una persona. Desde el punto de vista hormonal y metabólico, una verdadera amistad genera la tendencia de sentirse menos angustiado, reduce el estrés o cambia el proceso de preocupación ante los detonantes de riesgo en nuestra vida. Compartir las risas, contar las anécdotas, sentir el abrazo afectuoso de un amigo en la infancia y llevar una buena relación con ellos a lo largo de la vida se asocia con un menor riesgo de padecer diabetes mellitus tipo 2, cardiopatías isquémicas o trastornos de la personalidad como obsesión, depresión o crisis de ansiedad. Es increíble cómo la vida social durante la infancia y la adolescencia contribuye a fortalecer la salud en la etapa adulta, de ahí la importancia de tener esta convivencia independientemente de la edad que tengamos.

Enséñale a tu cerebro quién manda

1) Los verdaderos amigos son para toda la vida, se quedan en los recuerdos más fuertes del hipocampo, las emociones de la amígdala cerebral y las carcajadas que emanaron del área tegmental ventral. Los amigos nos ayudaron a conectar las áreas cerebrales con las que evaluaremos las emociones propias y de extraños en nuestra vida.

2) Los grandes amigos de nuestra vida generaron una neuroquímica específica para entender que son pocos, pero de gran importancia para toda la vida. A ellos les debemos los primeros incrementos de dopamina, adrenalina, oxitocina y beta-endorfina. Con tan sólo ver la foto de la infancia de esos niños es suficiente para retroceder en el tiempo y ver ese momento como si hubiera sido ayer.

3) Las enfermedades crónico-degenerativas tienen una diversidad de factores etiológicos: biológicos, psicológicos y sociales. Nos conviene entender que algo tan simple como una verdadera amistad puede cambiar la historia de algunas complicaciones de enfermedades; los grandes amigos siempre van a estar de nuestro lado. Una visita en el hospital, verlos mientras pasamos por un problema difícil tal vez no cambie nuestra realidad, pero los amigos nos ayudan a recuperarnos más rápido.

ATENCIÓN Y MEMORIA, CAMINAR EN SENTIDO INVERSO Y EL COLOR AZUL

Para cualquier persona que desee mejorar su memoria y atención, sin importar la edad, actividad y grado escolar, es fundamental saber que estas capacidades y procesos se pueden mejorar. La memoria es la capacidad que tenemos para retener información y conjugarla voluntariamente; estructuralmente se encuentra en el hipocampo, la corteza prefrontal y el cerebelo; es la principal capacidad que se afecta con la edad, el estrés, la alimentación y los hábitos de sueño-vigilia. Resulta interesante saber que la memoria tiene una relación muy importante con el neurotransmisor denominado dopamina; a mayor liberación de dopamina los procesos memorísticos se incrementan.

La atención es un proceso y una capacidad que tenemos para discriminar estímulos y eventos; a través de ella seleccionamos, dirigimos y mantenemos la activación de redes neuronales que le resultan relevantes al cerebro, y al mismo tiempo ayuda a disminuir la actividad de otras redes para ignorar y ser selectivos en la información que ingresa al cerebro.

La atención es un recurso limitado de nuestro cerebro; por ejemplo, más de tres impulsos al mismo tiempo hacen que las neuronas categoricen lo más importante, si bien hacemos tareas automáticas, otras nos exigen altos recursos de atención, para esto el cerebro genera tareas controladas que dependen mucho del estado neuroquímico y metabólico neuronal. Resulta interesante señalar que hay actividades cotidianas que pueden rehabilitar, mejorar y estimular la memoria y la atención.

Se ha identificado que cuando caminamos hacia atrás, con mucho cuidado y poniendo atención en el movimiento corporal, sincronizando adecuadamente el movimiento de los pies de una manera secuencial y haciéndolo en periodos repetitivos, generamos con ello un hábito de ejercicio que nos puede ayudar a recordar con mayor facilidad experiencias pasadas, es decir, poner atención cuando caminamos hacia atrás puede ayudarnos a mejorar la memoria. Cuantitativamente, caminar 10 metros hacia atrás ayuda a incrementar la memoria a corto plazo, mejora el orden cronológico de nuestros sucesos en la línea del tiempo y facilita los recuerdos de experiencias previas. Este hallazgo resulta de gran importancia clínica, ya que en la terapia ocupacional o en procesos de rehabilitación física para pacientes que han perdido momentáneamente la memoria o están en un proceso de recuperación de procesos quirúrgicos o enfermedades degenerativas como la enfermedad de Parkinson o demencia senil de tipo Alzheimer, el simple hecho de una terapia de 20 a 30 minutos caminando hacia atrás puede ayudar a incrementar la recuperación funcional en relación con la memoria. Es más, al tratamiento que lleva manejo farmacológico, control del sueño, actividad física y una dieta adecuada se puede agregar una terapia de ejercicios con desplazamiento hacia atrás para contribuir a una mejor recuperación o mejora de la memoria.

Uno de los grandes problemas académicos cotidianos en clases es que los profesores refieren bajos niveles de atención por parte de sus alumnos después de un descanso o cuando las clases resultan abrumadoras o aburridas en horarios después de comer o cuando los alumnos están cerca de concluir su jornada académica.

En contraste con lo que sucede en una sala de operaciones de un hospital, donde en los quirófanos que están pintados de color verde agua o azul cielo se ha identificado que los estudiantes se encuentran más despiertos, con mayor atención cuando las paredes de sus salones están pintadas de color azul. Además, un hallazgo reciente reveló que en grupos infantiles y juveniles estimulados durante la mañana dos días consecutivos con tubos fluorescentes de 1 000 luxes de color azul durante 20 minutos, todos tuvieron mejor desempeño en una serie de problemas matemáticos, comprensión de lectura e incremento de la atención selectiva. Comparado con otro grupo de alumnos que recibieron estimulación con colores rojo o amarillo, el color azul es el único en intensificar la capacidad de influir sobre la comprensión de la lectura y la solución de los problemas de lógica y matemáticas.

La estimulación con color azul incrementa la puntuación de mayor atención, y esto sin duda contribuye a un mayor número de respuestas correctas y a la rapidez con la que se contestan exámenes. Una respuesta inmediata ante este hallazgo es que la luz de color azul sincroniza el reloj biológico que en el hipotálamo se realiza con los ciclos naturales del día y la noche, cambiando la liberación de varios neurotransmisores, como melatonina, histamina, serotonina y dopamina. A través de este proceso neurofisiológico la luz regula la sensación de sentirnos despiertos, somnolientos, relajados, y puede disminuir la tensión. Lo interesante de las conclusiones de estos experimentos es que se necesita sólo una breve exposición al color no mayor de 20 minutos.

Ambos hallazgos, caminar hacia atrás y la exposición a luz azul, pueden ser importantes en el tratamiento también de pacientes con trastornos de déficit de atención o aquellos que tienen tratamientos prolongados con metilfenidato, medicamento que incrementa los niveles de dopamina buscando mantener más atención. Una posible nueva aplicación de estos datos indica que cada vez nos acercamos más a algunos factores coadyuvantes para mejorar con eficiencia nuestra atención y memoria.

Enséñale a tu cerebro quién manda

1) Contamos con nuevas posibilidades para incrementar memoria y atención. Caminar hacia atrás funciona muy bien; simplemente hacer el esfuerzo, y con mucho cuidado dar pasos hacia atrás, hace que el cerebro genere conexiones neuronales que pueden ayudar a incrementar nuestra capacidad de recuerdos, una nueva serie de ejercicios muy simples puede contribuir a una mejor calidad en nuestra salud mental.

2) Es posible que no podamos pintar el salón de clases, el cuarto donde estudiamos o la biblioteca donde leemos, pero seguramente en breve aparecerán aplicaciones en los teléfonos inteligentes, computadoras o tabletas para otorgarnos estimulación con luz azul que ayuden a relajarnos, y esto implica directamente un cambio en el factor de relajación y atención del cerebro; así que pongamos más atención al color azul

en nuestro entorno, desde ahora y durante algunos minutos, pues tal parece que el color azul está siempre del lado positivo.

3) Es un hecho que los colores rojos estimulan, los amarillos distraen y los grises-negros cansan en relación con nuestros niveles de atención. Pero ojo, hay que considerar algunos riesgos de una estimulación fotónica a nuestro cerebro, no todas las estimulaciones y frecuencias pueden ser positivas, así como tampoco todos pueden ser candidatos a recibir la estimulación con luz, porque puede incrementar su actividad cortical, como en el caso de pacientes epilépticos; es importante reconocer que la estimulación con luz azul debe ser previamente sugerida por un médico especialista.

_____

EL PERDÓN Y LA VENGANZA
EN EL CEREBRO

La convivencia, la interpretación de las conductas, la calidad de los apegos, el estado de ánimo, incluso el cansancio y el hambre son la base inevitable de interpretaciones, malentendidos, enojos, rupturas sentimentales o el fin de una relación. El resentimiento de una persona no sólo está basado en la forma como interpreta su enojo, sino también en antecedentes, proyecciones, la edad del cerebro y su madurez psicológica.

De manera interesante y al mismo tiempo como fenómeno antagonista, el perdón está relacionado con las redes neuronales que también procesan la venganza. De tal manera que odiar y perdonar se encuentran bajo una circuitería en el cerebro que lo hacen ponderar las diversas actividades y consecuencias sobre las que tomamos decisiones. Debemos considerar que un suceso se valora en forma diferente dependiendo de la situación y el tiempo que haya pasado.

Los mecanismos neuronales del perdón activan sistemas cognitivos que han evolucionado para abordar los desafíos y las dificultades sociales. El perdón tiene beneficios sobre las complejidades de las interacciones sociales. Perdonar es un evento que el cerebro necesita realizar, le conviene hacerlo. El perdón ofrece ganancias potenciales en interacciones futuras para evitar daños sociales, biológicos o psicológicos. Una disculpa depende de dos factores fundamentales: la víctima y el ofensor. Desde un análisis psicológico, perdonar es un cambio de motivación interpersonal marcado por una disminución de la necesidad de represalia acompañado de sentimientos de reducir la evitación y una mayor voluntad hacia la solución del problema. Socialmente representa beneficios a largo plazo, ya que incrementa una interacción productiva y favorece un mejor entendimiento entre las personas.

Cuando se tiene más culpa, vergüenza y remordimiento se suele pedir más perdón; de esta manera el perdón tiene factores neurológicos y psicológicos que buscan disminuir la tristeza y la hostilidad. El principal miedo que se tiene al ofrecer una disculpa es que la otra persona se aproveche de esa vulnerabilidad y desoiga las disculpas, lo cual puede ser contraproducente e incrementar la sensación de odio.

En contraste, la venganza conlleva costos secundarios de alto riesgo tanto social como biológico, además disminuye los procesos adaptativos. Las represalias disminuyen por completo la interacción social, disuelven los vínculos afectivos y generan una secuencia de eventos negativos. Estas medidas punitivas sólo garantizan daños que pueden poner en riesgo el estado emocional, la salud mental y la condición física.

El cerebro humano es producto de una evolución del entendimiento. Los humanos hemos evolucionado de una dirección de motivaciones violentas o evasivas hacia el entendimiento y el hecho de procurar mayor benevolencia, un bien común, con el objetivo de una mejor calidad de vida y procurar condiciones beneficiosas a corto plazo. El perdón y la venganza se entrelazan en los sistemas de atención, memoria y aprendizaje diseñados en la evolución y modificados en nuestra cotidianidad.

El cerebro humano tiene diseñado un sistema para sentir, generar y exigir venganza. Los núcleos cerebrales llamados accumbens y caudado están relacionados con el placer y la motivación, y también se encuentran íntimamente relacionados con comportamientos orientados a las promesas de recompensa, como puede ser lo que se espera al comer cierto tipo de alimentos, la adicción a drogas, pero también hacia resultados sociales deseados. Visto así, la venganza es la exigencia de una recompensa anticipada, la necesidad de infligir castigo y que la magnitud de éste tenga relación con el despertar de cierto tipo de placer como un fenómeno compensatorio. Toda venganza tiene una motivación; la evaluación y magnitud del castigo están en función de la actividad de otras áreas cerebrales, como el incremento de la actividad de las neuronas del núcleo estriado ventral izquierdo y regiones del lóbulo parietal. En contraste, una persona que perdona es capaz de valorar el suceso, reconoce la culpa y su nivel de empatía es muy grande; una persona que odia comúnmente no otorga el valor a las cosas, su comportamiento es antipático de manera crónica y su nivel conciliatorio es muy bajo.

El cerebro perdona más fácil cuando los vínculos afectivos entre víctima y agresor son más íntimos. Las personas con más experiencia perdonan con relativa mayor facilidad. Algunas culturas relacionadas con la religión suelen también generar una conducta de benevolencia. Sin embargo, es necesario indicar que, de acuerdo con la gravedad del delito, el cerebro tomará la decisión de no perdonar, incluso de mantener la posibilidad de venganza latente aun ante expresiones sinceras de arrepentimiento o actos de contrición.

El cerebro humano valora la conducta e interpreta las lágrimas de una manera distinta a como lo hacen los demás mamíferos; en el caso del reconocimiento de la ofensa, el ofrecimiento de actos compensatorias o palabras sinceras, la activación de redes neuronales modifican el estado neuro-químico cerebral para generar una conducta indulgente. Las personas que perdonan más en la vida suelen tener una mejor salud tanto física como mental. En general, las mujeres suelen expresar una mayor conducta indulgente que los varones y muestran menos motivaciones vengativas, además existe un factor relacionado con el aprendizaje de estas conductas. Datos recientes indican que cuando las mujeres tienen un trato injusto, su cerebro activa de una manera más fuerte y con mayor rapidez las áreas cerebrales relacionadas con recompensa, y esto puede motivar a pensar en castigos compensatorios. Contrario a los varones, que suelen tener códigos de enojo y castigo del todo o nada.

El odio y la venganza activan una zona común, la ín-sula, la cual, además de procesar interpretaciones corticales, ordena el proceso del dolor para diferentes regiones del cerebro. Ante una ofensa o la necesidad del perdón las redes neuronales de la ínsula se activan. Cuando las neuronas de la ínsula incrementan su actividad traen como consecuencia psicológica la demanda de respuestas justas, es decir, esta área es el principal rastreador de la injusticia. De tal manera que una ofensa también procesa la sensación de dolor y cambia la interpretación de la persona que ofende o también de la persona que ofrece disculpas.

Otra estructura cerebral que también se activa común-mente con el enojo, la mala voluntad, la necesidad de ven-ganza y el perdón es la amígdala cerebral. Por ejemplo, la percepción de una mala voluntad, la exclusión social y la percepción de evaluaciones incorrectas hacen que la ínsula y la amígdala cerebral se activen de manera inmediata. Así, la percepción de riesgo, dolor, hambre o enojo modulan la manera en que interpretamos una ofensa. También esas estructuras neuronales participan en el entendimiento del dominio social, la empatía, los gustos y el asco, lo cual explica en parte por qué una ofensa puede considerarse mayor cuando el cerebro interpreta que socialmente una persona que agrede representa un estatus social diferente. La fuente neurobiológica del aprendizaje de muchos actos discriminatorios inicia por la activación de estas redes neuronales que escapan totalmente del control social.

De manera interesante, tanto el perdón como la venganza son impulsados por centros de recompensa del cerebro; sin embargo, de acuerdo con la actividad de la corteza frontal, la sensación de satisfacción y plenitud que genera el perdón puede durar más tiempo, no así en el caso de la venganza. Una de las causas de este proceso neurobiológico es que el perdón inhibe de una manera más efectiva a la amígdala cerebral del cuerpo estriado, además de que el perdón se relaciona directamente con la función de la corteza prefrontal. El cerebro humano que tiene mayor actividad prefrontal es menos rencoroso y más benevolente, puede identificar el trato injusto, pero exige menos respuestas punitivas; quienes actúan así suelen ser individuos alentados a perdonar o a detener las condiciones de venganza.

Cuando el cerebro perdona, activa con gran modulación la corteza parietal y la corteza prefrontal, así, las redes neuronales están involucradas en los procesos de mentalización, proyección de vida y funciones cerebrales superiores, es decir, en los frenos sociales y la proyección. Un adecuado marco de salud mental indica claramente que el cerebro humano se siente incómodo cuando se adelanta un juicio en su contra, cuando se le lastima por prejuicios o cuando se le culpa deliberadamente. Estas cortezas cerebrales son altamente inteligentes y evaluadoras, por lo que hacen uso de la información preexistente en el hipocampo sobre experiencias y creencias, y de esta manera entra en juego lo que el ser humano tiene como códigos y normas sociales, aprendizaje de culpa y vergüenza, así como el entendimiento de la paciencia.

La liberación de oxitocina es fundamental para calmar el sentimiento de venganza y favorecer la generación del perdón. Por ello, las personas a las que más queremos son a las que más fácil podemos perdonar; es cierto que nos pueden lastimar y hacer sentir muy mal, pero también son las personas que nos ayudan a regular la disminución de miedos, a reducir la actividad de la amígdala cerebral y específicamente a disminuir el proceso de traición social. Entre más oxitocina, más benevolentes somos, pero esto también indica que nos engañan con mayor facilidad. Niveles adecuados de serotonina en la corteza prefrontal tienen beneficios a largo plazo, ya que incrementan la cooperación social; altos niveles de serotonina están relacionados con conductas de perdón, de la misma forma, ante situaciones como la depresión, ésta se caracteriza por una disminución de los niveles de serotonina; ello indica claramente que una persona con depresión suele perdonar con menor frecuencia. El sistema judicial de muchos países expone a un agresor o victimario para recibir el perdón de las víctimas; de manera sorprendente, cuando el cerebro humano se ve perdonado es más fácil que evite la conducta vandálica nuevamente, si bien esto no sucede en todos los países, en la gran mayoría de las ciudades disminuye los actos de reincidencia por parte de los individuos agresores que son perdonados.

Enséñale a tu cerebro quién manda

1) Para el odio y la venganza se requiere de la actividad de por lo menos dos personas, en consecuencia, los conflictos deben estar también en relación con la empatía y el apego para lograr la indulgencia o, en su defecto, incrementar la sensación de venganza. El costo-beneficio biológico y social hace entender que al cerebro humano le conviene más perdonar que mantener las condiciones de enojo y violencia. La necesidad de desquitarnos hace que el cerebro tenga enojo crónico, amargura interminable, inseguridad constante y en ocasiones melancolía.

2) El cerebro es capaz de analizar los hechos acontecidos de diferentes formas. Perdonar no significa olvidar, sin embargo, entender los hechos que contribuyan a aliviar la sensación de estar herido moralmente ayudan a recuperarnos más rápido de un problema. Un cerebro capaz de perdonar incrementará los niveles de oxitocina, así como los niveles de endorfina, serotonina y dopamina, lo cual conmina a una neuroquímica para reducir el dolor moral, disminuir la vergüenza y atenuar los sentimientos de culpa no sólo por el agresor, también para él.

3) Mientras el cerebro se sienta enojado, ofendido, la decisión de perdonar no será sencilla ni fácil. Asesinato, violaciones y abuso sexual son los procesos que difícilmente el cerebro humano perdona; 43% de la población es incapaz de sentir empatía con quien comete esos delitos. El cerebro establece jerarquías en su evaluación del perdón y odio; la gravedad de los hechos hace que el cerebro tome decisiones de no perdonar grandes ofensas, y esto incrementa su necesidad de venganza.

EL PICANTE Y SUS EFECTOS NEUROLÓGICOS

La forma de saborear los alimentos en América Latina no sería la misma si no tuviéramos el picante, el chile, en nuestra dieta. Los seres humanos somos una especie única que asociamos el dolor y el placer de una manera muy especial, en particular cuando nos alimentamos. Cada vez que tenemos un dolor físico, el cerebro gradualmente tratará de atenuarlo liberando una molécula que disminuye el dolor y genera poco a poco una sensación de placer: la beta-endorfina, por eso después de una gran sensación desagradable de dolor, de menos a más se sentirá el acompañamiento de una sensación de goce. Cada vez que comemos unos tacos con salsa picosa, dulces con chile, frutas con picante o botanas con alto contenido de picante, el cerebro percibe el dolor asociado a una sensación de incremento en la temperatura en la boca y eventualmente, en cuestión de minutos (tres minutos en promedio), las redes neuronales del cerebro liberan beta-endorfina para tratar de disminuir esa sensación.

Por esta razón, podemos estar con lágrimas en los ojos, con secreciones en la nariz y tratando de meter rápido aire por la boca como manifestación conductual evidente de sufrir los efectos del chile, no obstante, tenemos un incremento de apetito, queremos seguir comiendo, incluso aumentamos la cantidad de lo que es picoso y que en ese momento estamos comiendo, es decir, nos "enchilamos" por el picante y esta sensación de dolor se acompaña después de una sensación placentera que puede durar tres veces más tiempo que el dolor, esto nos puede llevar a la adicción, pues el cerebro quiere repetir la sensación de placer y satisfacción.

Fisiológicamente, el principio activo del picante se llama capsaicina, su estructura molecular es semejante a la vainilla. Reconoce a los receptores TRPV1 y 3 que se encuentran en los carrillos bucales, los labios y la lengua, estos receptores están en relación con la detección térmica de lo que comemos. Estos receptores también se encuentran en la piel asociados a los folículos pilosos; cuando las terminaciones nerviosas son altamente estimuladas por la capsaicina, la detección de temperatura y dolor lleva al cerebro a detectar un cambio de temperatura e inicia el procesamiento de dolor. Rápido se activan áreas cerebrales de la región parietal, pero en especial la región denominada ínsula. El receptor TRPV1 desempeña un papel importante en el aprendizaje y la memoria, ya que su activación produce cambios en las conexiones neuronales, por lo que queda muy claro que el proceso de comer picante esté involucrado indirectamente con la manera en que ponemos atención y recordamos.

Cuando el receptor TRPV1 se activa por la capsaicina, se envía información al cerebro a través del quinto par craneal e inicia la percepción de dolor en la boca; una respuesta inmediata al sufrimiento es el incremento en la producción de saliva, también aumentan los niveles de adrenalina y la actividad de la deglución; a su vez se incrementa la producción de mucina, alfa-amilasa (una enzima que ayuda a la digestión de carbohidratos) y en especial la producción de anticuerpos que tiene la saliva (IgA), en otras palabras, la boca se prepara para protegerse en contra de bacterias y se predispone a la reparación de tejidos. El incremento de adrenalina se asocia con el acto de poner más atención y con el aumento de la frecuencia cardiaca.

La comida picante estimula el apetito, primero a nivel local, en la boca, después con un efecto neurofisiológico ascendente que desensibiliza al hipotálamo en el proceso de saciedad; por eso, entre más picante tiene la comida, el hipotálamo puede incrementar la ingesta calórica hasta 20%. Si en realidad estamos pensando en hacer dieta para bajar de peso, el picante puede ser un enemigo que impedirá disminuir la ingesta calórica.

El picante genera un incremento importante en el volumen de la saliva y en su composición, y en la modulación efectiva del sistema nervioso autónomo. Este proceso dura de seis a 10 minutos, lo cual abre una ventana de tiempo para que los alimentos se degusten con mayor placer, en especial cuando comemos comidas saladas, agrias y dulces, muy importante en la evolución del ser humano, ya que después de los 70 años es muy frecuente que la calidad de la saliva y su producción disminuya significativamente, por lo que las comidas picantes para los ancianos representan un buen proceso fisiológico para mejorar la salud de su boca.

Comer picante también induce cambios en la actividad de la corteza cerebral cuantificada por un electroencefalograma (EEG); se ha demostrado claramente que las personas al momento de comer picante incrementan el ritmo beta del EEG, el cual se asocia con poner más atención y mayor reflexión, también ayuda a disminuir el enojo, bajar el estrés o la frustración; de ahí que antes de iniciar una discusión o tratar de resolver un problema es bueno primero comer picante, y después de unos 10 minutos, ya con los niveles de beta-endorfina elevados y con los cambios electroencefalográficos obtenidos, la persona discutirá con menor vehemencia o al menos se sentirá menos enojada.

El comer picante todos los días tiene un proceso farmacológico implícito, nos hacemos adictos a la beta-endorfina que libera el chile, ésta fascina al cerebro y crece el placer que sentimos después de degustar la comida picosa. Queda claro que el picante nos tranquiliza, nos agudiza la atención y puede cambiar la percepción e interpretación de un dolor físico que se tenga. La próxima vez que comas picante en cualquiera de sus variantes, independientemente de la hora del día, analiza que con ello cambia tu actividad cerebral y en tu boca incrementas la protección contra posibles infecciones pero, sobre todo, advierte la extraña relación proporcional: entre más picante, mayor placer en la vida.

Enséñale a tu cerebro quién manda

1) Futuros medicamentos para el control de un malestar estarán relacionados con el uso de la capsaicina para mejorar el tratamiento contra el dolor de algunas enfermedades delicadas y crónicas, con el dolor físico como principal factor adverso, como es el caso del cáncer. Esto indica que, si bien las penas con pan son buenas, con picante pueden ser mejor toleradas.

2) Dadas las características neuroquímicas que se inducen al comer una dieta abundante con capsaicina, la
generación de placer, atención selectiva y modificación del incremento en la calidad de la saliva, puede
ser un excelente preámbulo o inductor para alentar la
actividad sexual.

3) Estudios recientes indican que los individuos que
tienen ingesta frecuente de picante tienen menor
probabilidad de padecer cáncer y alteraciones cardio-
rrespiratorias. No es un factor directamente responsable de protección, pero es un elemento coadyuvante
asociado a la calidad de vida que tenemos, la genética y el control del estrés.

EL CEREBRO INVITA EL CAFÉ

Una invitación a tomar un café es sinónimo de amistad, pero también sirve para cerrar un trato o buscar la consolidación de una relación; va implícito el deseo de platicar o disfrutar un buen momento. Tomarse un café con alguien se ha vuelto un sinónimo de intercambio social, amistad y reciprocidad, un lenguaje sin fronteras.

Esta bebida contiene muchísimas sustancias: varios flavonoides, ácido clorogénico, el compuesto eicosanoil 5 hidroxitriptamida, ácido cafeico, hidroxihidroquinona y, por supuesto, cafeína. El café contribuye al consumo general de cafeína en los adultos (entre 70 y 80% de la población consume al menos una bebida con cafeína al día) y tiene un potencial efecto que promueve la salud, ya que se encuentra relacionado con la disminución de efectos adversos que puede tener el virus de la hepatitis C, el carcinoma hepatocelular, la diabetes mellitus tipo 2, el hígado graso, reduce los cuadros depresivos y la expresión de algunos trastornos neurodegenerativos como la esclerosis lateral amiotrófica, la enfermedad de Alzheimer y el Parkinson.

El café, a través de la cafeína, muestra un potente efecto estimulante en la actividad neuronal ya que disminuye el cansancio y activa las redes neuronales para poner más atención. El mecanismo farmacológico es muy simple, en la medida en que nos cansamos, nos estresamos, estamos desvelados o tenemos un desgaste físico importante, nos gastamos las moléculas de alta energía como lo es el ATP, produciendo AMP e inosina, que al ocupar los receptores neuronales son responsables de que nos sintamos cansados. En el momento que tomamos café, la cafeína ocupa los receptores (A2a) de inosina y AMP, quitándonos la sensación de agotamiento. Además, la cafeína permite el incremento muy importante de un segundo mensajero intracelular, denominado AMPc, el cual tiene múltiples efectos estimulantes en las neuronas, el corazón y el riñón. El eicosanoil 5 hidroxitriptamida disminuye selectivamente la agregación proteica de algunas toxinas en las neuronas y reduce la capacidad inflamatoria en estas células; por otra parte, el ácido clorogénico disminuye la toxicidad oxidativa que puede inducir la dopamina cuando es liberada en grandes concentraciones. La cafeína incrementa, además, las concentraciones de calcio intracelular aumentando la excitabilidad neuronal.

La cafeína también puede entrar al cerebro a través del olor; el simple hecho de pasar por un sitio donde están tostando el grano de café hace que las sustancias volátiles, entre ellas la cafeína, con sólo oler el grano, sean capaces de activar la expresión de 11 genes responsables de la producción de sustancias antioxidantes en el cerebro, es decir, no sólo nos activa, también protege el cerebro de radicales libres, moléculas que llegan a ser tóxicas y responsables de la muerte neuronal.

El café tiene efectos protectores en el cerebro, corazón, riñón e hígado. Pero también tiene un lado *b*, una ingesta en exceso puede ser responsable de inducir dolores de cabeza y un aumento en la presión arterial, provocar taquicardia, favorece la agitación psicomotora, además de provocar trastornos gastrointestinales, incremento de la ansiedad y nerviosismo, así como incitar las náuseas. La ingesta crónica puede generar adicción a la cafeína y por lo tanto también puede inducir síndrome de abstinencia (tolerancia y dependencia).

Es cuestión de sólo 15 minutos en los que después de tomar el primer sorbo de café, aparecen los primeros efectos de la cafeína en nuestro cuerpo, y el efecto puede durar hasta dos horas, aunque en algunos seres humanos puede llegar hasta las cuatro horas y media. La dosis adecuada promedio es de una a tres tazas de café al día, dependiendo de una adecuada alimentación y un óptimo estado en la funcionalidad del estómago e intestino, pues es sabido que la ingesta crónica de café también se encuentra relacionada con la gastritis y la colitis.

El café tiene una gran activación neuronal pero también puede ser utilizado en la terapia farmacológica contra la enfermedad de Alzheimer, pues disminuye la expresión de la proteína beta-amiloide, responsable del trastorno degenerativo del olvido en esta demencia senil, asociado a un incremento en la producción de una proteína sumamente importante en las neuronas, la ATPasa Na^+/K^+, la cual se encuentra incorporada en el incremento del flujo sanguíneo cerebral y en la formación de nuevos vasos sanguíneos cerebrales.

Debido al alto contenido de flavonoides y del compuesto eicosanoil 5 hidroxitriptamida, que modulan procesos inflamatorios en el cerebro, el café disminuye significativamente la secuencia de la cascada de la inflamación en el cerebro, en especial en las áreas cerebrales relacionadas con el inicio de la enfermedad de Parkinson. Los efectos benéficos sobre la memoria al tomar un café no sólo se quedan en la activación: a mediano y largo plazo permiten un incremento en la concentración liberada del factor de crecimiento neuronal derivado del cerebro (BDNF, por sus siglas en inglés), específicamente en el hipocampo, evitando significativamente el deterioro cognitivo.

La próxima vez que tu cerebro invite el café, reflexiona sobre la gran cantidad de efectos fisiológicos que generará en tu cuerpo. Es una bebida con capacidad energética, grandes efectos benéficos para el cerebro y prevención de trastornos neurodegenerativos. Después del agua embotellada, el café es la bebida más vendida a nivel mundial, tiene más de 800 moléculas volátiles diferentes; podemos reconocer que quien bebe café sin llegar a la dependencia, puede vivir más años.

Enséñale a tu cerebro quién manda

1) Las personas que beben en promedio tres tazas de café al día tienen una probabilidad 10% más baja de mortalidad, independientemente de su dotación genética y de las enfermedades que tengan. No obstante, como el café tiene efectos estimulantes en la actividad cardiovascular, los bebedores de café también tienen una menor probabilidad de morir por una afección cardiovascular.

2) Un café en la mañana tiene mejores efectos que uno después de las siete de la noche, definitivamente; después de esta última hora, a 82% de quienes lo toman les quita el sueño. La cafeína desajusta los relojes internos de nuestra fisiología. La rutina de beber café por la

mañana cambia notablemente la posibilidad de padecer depresión, pues disminuyen los factores negativos de percepción y sensación de tristeza.

3) Tomarte un café con una persona los hará más activos a ambos, se genera un incremento de la velocidad cuando caminamos, induce a que se digan más palabras por minuto y se incrementan los procesos de memoria; pero ten cuidado, durante un estrés muy fuerte, en el cerebro de las mujeres el café puede incrementar la eficiencia de memoria, pero en los hombres la empeora, por lo que no es recomendable para los varones tratar de disminuir su estrés tomando café.

———————————

EL CEREBRO MUSICAL, GRANDES EGOS: CHOPIN Y STRAVINSKI

Una persona que causa problemas constantemente durante la convivencia cotidiana, con la familia y con la sociedad, a la que le cuesta trabajo controlar su comportamiento y expresar sus emociones y con relaciones inestables; con un temor profundo de abandono, además, y que no tolera estar sola, tiene un trastorno llamado personalidad limítrofe.

Este tipo de persona muestra relaciones intensas, pero inestables, idealiza a las personas y al mismo tiempo suele ser cruel con otras. Expresa sentimientos de vacío y constantemente puede enojarse o tener un manejo inadecuado del estrés, pierde el control de su fuerte temperamento con mucha frecuencia, suele ser sarcástico y amargado. A nivel cerebral estos personajes tienen una modulación distinta en las regiones de la impulsividad y la agresión, en la amígdala cerebral, la cual comúnmente es ligeramente de mayor tamaño que la de las personas que no tienen trastorno limítrofe; esto se asocia con una disminución en la concentración de los niveles de serotonina. Es muy probable que Federico Chopin, un virtuoso del piano, también expresara datos de enfermedad limítrofe.

Ígor Stravinski, además de ser un excelente músico, era un visionario hombre de negocios, cosmopolita y políglota, expresaba regularmente sentimientos de grandeza y le daba una gran importancia al dinero y al poder. Frecuentemente exageraba sus atributos y cualidades, y solía tener rechazo cuando las personas captaban su egolatría. Le encantaba generar envidias, era extraordinariamente superficial en el trato social y en algunas ocasiones distorsionaba la realidad. Le costaba mucho trabajo soportar críticas, y aunque solía compararse con los demás, siempre solía ponerse arriba de todos a quienes consideraba su competencia. Si bien la personalidad ególatra no es un trastorno como tal, y por momentos es bien vista, está atrás de los trastornos de posición desafiante y posiblemente de un trastorno limítrofe.

De esta manera la genialidad, el caos, la creatividad y las malas decisiones también se encuentran detrás de cerebros ególatras, burlones y de grandes egos; la originalidad y la genialidad no son sinónimo de humildad o de un éxito como resultado del esfuerzo constante.

Federico Chopin es el máximo representante del romanticismo, excelente compositor de grandes obras musicales de piano; combinó la música clásica con la música popular y la danza. Era un hombre de 1.70 metros estatura ¡con apenas 45 kilos de peso!, es decir, era sumamente delgado, predispuesto desde las primeras etapas de su infancia a las enfermedades respiratorias. Educado en un ambiente con tres hermanas y su madre, comúnmente estuvo lleno de atenciones y dietas especiales desde pequeño; recibió clases de violín y obtuvo una beca para estudiar tres años piano. Este genio de la música lo tuvo prácticamente todo desde la infancia hasta los últimos días de su vida.

Chopin tuvo una gran educación, socialmente bien integrado, era conocido por las altas esferas como un hombre cortés y reservado; pero alrededor de su núcleo social más cercano y el de sus alumnos solía aparecer su verdadera personalidad: un carácter terrible, difícil, burlón, insoportable y violento, en especial cuando se desarrollaba como académico al enseñar el piano: gritaba y agredía con vehemencia a sus alumnos cada vez que se equivocaban, incluso podía romper lo que tenían en sus manos como forma de castigo y así expresar su desasosiego.

Generalmente Chopin buscaba controlar las cosas, y cuando tenía incertidumbre su carácter se desquiciaba y hablaba mal de todos. Sufrió de tuberculosis desde muy joven, y las complicaciones de esta enfermedad pulmonar fueron las que le causaron la muerte. Su exploración y búsqueda para calmar sus compulsiones, buscar el amor y encontrar reconocimiento lo convirtieron en un asiduo visitante de prostíbulos. Se enamoró varias veces de prostitutas de manera intensa y tormentosa, buscaba el sufrimiento y al mismo tiempo evitaba que lo abandonaran. Disfrutaba al sentir que no lo querían y su constante necesidad de ser amado lo hacía tener conductas contradictorias.

Ígor Stravinski fue un músico ruso educado por su hermana y supervisado meticulosamente por su padre. Se nacionalizó francés y murió siendo estadounidense. Fue uno de los más importantes vanguardistas del siglo xx, especialmente en el ballet; era excelente cantante, compositor sumamente creativo y abogado. Estuvo casado dos veces, pero con un historial muy grande de diversas amantes; después de haber estado casado 33 años con su prima, decidió unirse en matrimonio con quien consideró el amor de su vida, de manera muy romántica murió prácticamente en los brazos de su segunda esposa.

Era muy elitista, miraba con desprecio la cultura de las clases populares, su carácter solía ser hosco y hostil. No era atractivo ni fotogénico, de apenas 1.65 metros de estatura y muy delgado, solía menospreciar a sus críticos, colegas y por momentos era desafiante, además de terriblemente crítico, con sus contemporáneos.

Stravinski era sumamente inteligente, rigorista: rasgos evidentes de una gran comunicación neuronal en su cerebro y altos niveles de dopamina. Pero tenía dos adicciones terribles que lo mermaron los últimos años de su vida: la cocaína y el whisky. Murió a los 88 años y posee una estrella en las calles de Hollywood, como un elogio inequívoco y premio a su personalidad ególatra.

Chopin y Stravinski tuvieron grandes egos asociados a la creatividad, con un trastorno de la personalidad en ciernes, esto indica que a veces admiramos una obra, pero no necesariamente a quien está detrás de ella, comúnmente solemos admirar más al personaje que a su creatividad, lo cual repercute más en el artista, aunque por momentos resulta difícil disociar a uno de otro.

Enséñale a tu cerebro quién manda

1) Algunos cerebros privilegiados pueden llegar a ser déspotas, hostiles y humillantes. Chopin y Stravinski nos muestran que la intolerancia a veces va relacionada proporcionalmente con la creatividad. Es muy común que la personalidad perfeccionista sea intolerante ante los errores, esto habla de los clásicos cerebros que no

toleran una equivocación porque la proyectan hacia las personas que consideran incapaces de aprender; este tipo de personalidades muestra claramente el sufrimiento y las carencias emocionales que fueron gradualmente superadas a través del esfuerzo para aprender y el conocimiento.

2) Algunos cerebros con dopamina elevada suelen perder los límites fácilmente y buscan el placer a través de escrutar en relaciones personales superficiales o en la generación de codependencia con las personas que tienen apegos, el placer inmediato y la búsqueda de tener satisfactores en los procesos de vulnerabilidad autoinfligida. Otros cerebros acostumbrados al placer buscan continuarlo o encontrarlo a través de drogas, las cuales incrementan los niveles de dopamina, pero generan adicción.

3) La música de Chopin y Stravinski es increíble, seductora, maravillosa e irrepetible. Semejante a las estrellas de rock de nuestros tiempos, el cerebro que se encuentra con un trastorno de la personalidad puede disociar al monstruo creativo de su maravillosa obra, esto les sucedió a ambos.

LA MICROBIOTA INTESTINAL
Y EL SEGUNDO CEREBRO

¿Por qué es importante desayunar? ¿Por qué ante una infección intestinal nos sentimos fatales y nos cambia el estado de ánimo? ¿Por qué una dieta puede influir en nuestra conducta? ¿Algunas enfermedades neurodegenerativas como el Parkinson, la esclerosis múltiple y el Alzheimer tienen que ver con el intestino?

Los microorganismos (bacterias simbióticas) que viven en nuestro intestino (microbiota, aproximadamente 10×10^{14} bacterias) tienen una interacción química, inmunológica y metabólica directa con la función de nuestro cerebro.

La comunicación entre el intestino y el cerebro es bidireccional, ya que el cerebro modifica los movimientos, la llegada de sangre al intestino y la liberación de sustancias para modular la actividad intestinal, en tanto que el intestino libera hormonas, mediadores inmunológicos, metabolitos activos neuronales y algunos neurotransmisores.

La composición de la microbiota es dinámica y cambia continuamente, se adapta a la dieta, a la región donde vive el ser humano y al consumo de antibióticos. Cuando hay cambios en la composición de la microbiota, que a su vez afecta a las secreciones intestinales, se pueden relacionar con algunas enfermedades como la depresión, la ansiedad, el autismo o el colon irritable.

Una gran cantidad de precursores para la formación de serotonina, adrenalina y dopamina se sintetizan en el intestino, en especial 90% de la serotonina que será utilizada en el cerebro tiene una relación directa con el triptófano formado en el tubo digestivo, aminoácido precursor de la serotonina, de ahí que, en infecciones intestinales, si disminuye la serotonina, sea uno de los principales componentes conductuales y derive en la sensación de tristeza y vulnerabilidad.

Una explicación rápida: la disminución de serotonina hace decaer el ánimo y la sensación de placer por la vida, esto nos acerca a la depresión. La dopamina requiere de la disposición de tirosina, la cual también es sintetizada por la microflora intestinal; por ello, trastornos de la personalidad o la enfermedad de Parkinson mejoran cuando se dan alimentos que favorecen la función de la microbiota. El principal neurotransmisor inhibidor de la corteza cerebral, el GABA, es altamente modulado por la actividad de las bacterias intestinales; se ha demostrado que la administración de probióticos mejora algunos datos clínicos del autismo.

Un adecuado estado de la microbiota intestinal permite la disminución de citocinas proinflamatorias (interleucinas 1a, 1b, 6, así como impide el factor de necrosis tumoral) que caracterizan al estrés crónico; cuando estas citocinas ingresan al cerebro activan la función de varias redes neuronales, promoviendo señales para cambios conductuales y percepción dolorosa, en otras palabras, con infección intestinal el ser humano suele predisponerse a efectos nocivos de un estrés sostenido, lo cual puede ser revertido si tenemos una adecuada alimentación.

La salud intestinal debe estar relacionada con una adecuada salud mental. Por ejemplo, los primeros elementos en la vida son fundamentales para una adecuada actividad intestinal, la presencia del oligosacárido 2-fucosil-lactosa, producido a partir de la leche materna, activa directamente al hipocampo para generar trenes de activación relacionados con la memoria y el aprendizaje. En el hipocampo se produce una gran cantidad de GABA y de factor de crecimiento neuronal, cuyas concentraciones son directamente proporcionales a la actividad de los metabolitos que sintetiza el intestino a partir de la microbiota.

También los carbohidratos derivados del metabolismo de las bacterias intestinales son importantes para formar moléculas de adhesión en neuronas de formación en el niño. Una afirmación médica importante es que, en el trastorno de déficit de atención e hiperactividad, en el autismo o en enfermedades autoinmunes como el lupus eritematoso sistémico, la administración de probióticos disminuye la expresión clínica de estas alteraciones, además puede ayudar al cuerpo a luchar contra tumores malignos; el efecto no es directo, en este caso las baterías incrementan la actividad inmunológica para que algunos tumores crezcan lentamente.

El conocimiento de la flora intestinal y su relación con el cerebro han llevado a realizar, en la gran mayoría de los casos de manera exitosa, trasplantes de materia fecal para el tratamiento de la depresión.

En condiciones semejantes a cualquier donación de tejido, previo a un estudio de histocompatibilidad entre el donador y el receptor de materia fecal, el donador debe tener la característica de no haber recibido antibióticos y tener un buen estado de salud mental; la materia fecal se prepara con solución salina, y en condiciones que un quirófano otorga se procede a introducir al intestino la materia fecal del donador para que reciba una nueva microbiota que le ayude a la biosíntesis de serotonina; los trasplantes han mostrado una mejoría clínica en la sintomatología conductual de la depresión, lo cual sin duda abre nuevos conocimientos para el manejo de este trastorno de la personalidad.

Enséñale a tu cerebro quién manda

1) La próxima vez que no tomes alguno de tus alimentos, desayuno, comida o cena, piénsalo dos veces, la importancia de mantener adecuadamente funcionando al intestino no sólo repercute en un adecuado balance energético, sino también en la función cerebral.

2) Cuando tenemos una infección intestinal y el principal componente es la diarrea, la sensación de cansancio y tristeza es muy fuerte, es el principal marcador conductual de que la flora intestinal no está produciendo adecuadamente los neurotransmisores. Ahora imagina un paciente con depresión o Parkinson, el desbalance neuroquímico bien pudo iniciarse en el intestino; en un futuro no muy lejano los tratamientos de estas enfermedades también irán en función de establecer una adecuada microbiota intestinal.

3) El sistema inmunológico, el responsable de defendernos de infecciones virales y bacterianas, también está modulado por las sustancias que libera el intestino; en especial las enfermedades autoinmunes pueden

disminuirse en su expresión y crisis cuando mejoramos la microflora intestinal. La importancia de los probióticos en la dieta se hace cada vez más evidente.

―――――――――

LA PALABRA *NO* EN EL CEREBRO

No, sin duda, es una de las palabras universales cuyo significado es semejante en diferentes culturas, así como su forma de expresarla a nivel corporal. Para aprender una palabra y entender su significado, el cerebro necesita repetirla en promedio entre 15 y 20 veces. Algunas palabras son más fáciles de aprender que otras, la palabra *no* es de las primeras en asimilarse en la vida.

Al cerebro infantil le cuesta más tiempo procesar el significado de *no* comparado, por ejemplo, con las palabras *leche* o *juguete*, ya que estas últimas tienen un significado tangible y asociado a un elemento-material, por eso el cerebro las analiza como palabra-objeto. Después de entender, comprender y memorizar la palabra *no*, el cerebro la asocia con desaprobación o para detener una acción; una vez aprendida la palabra, nunca se olvidará.

Existe un juego semántico que al anteponer *no* a varias afirmaciones rápidamente el cerebro elimina o reduce su principal significado, quedando como una afirmación en nuestro cerebro, por ejemplo: *no* quiero que te imagines a un hombre muy guapo, *no* quiero que veas la casa enorme y hermosa arriba de la colina, *no* quiero que sientas el aire fresco en tu cara o *no* quiero que percibas ese hermoso olor a rosas.

El cerebro traduce inmediatamente con imágenes y contexto lo que lee y escucha, sin embargo, cuando escucha o lee varias veces la misma palabra, ésta va perdiendo su sentido y entendimiento, a este proceso se le llama saciedad semántica. Las áreas de entendimiento cerebral van disminuyendo su actividad, se desensibilizan las neuronas, por lo que el cerebro empieza a no escuchar o entender lo que entendía. La palabra *no* no escapa de esto, por eso al repetirla varias veces puede ser que en ocasiones el cerebro no la identifique.

Palabras como *madre*, *esposa*, *hogar*, *protección* suelen activar áreas cerebrales semejantes, pero la palabra *no* tiene diferente proceso neuronal semántico, esto depende a quién se le contesta, la prosodia en la que se habla (el tono o emoción como se dice lo que hablamos) y las consecuencias de lo que se espera. Es decir, el diccionario cerebral se abre y le da lectura o respuesta a un "no" dependiendo de cómo lo decimos, que emoción tenemos y qué cambio esperamos de su percepción.

El cerebro aprende más rápido si hay una emoción, independientemente de si es positiva o negativa. Por eso un "no" difícilmente se olvida en la medida en que estemos muy felices o demasiado enojados. Dos áreas cerebrales son fundamentales para interpretar la palabra *no*, la relacionada con la interpretación de emociones y el dolor emocional: el giro del cíngulo y la ínsula; las neuronas de estas áreas cerebrales se activan mucho cuando decimos o nos contestan "no", por eso una negación puede doler moralmente y enmarcar fuertes interpretaciones de conductas, al mismo tiempo que tenemos la sensación de que nos cae agua fría o nos duele el pecho, es decir sufrimos internamente.

La palabra *no* se oye, se lee y se piensa en diferentes áreas neuronales, mientras mueve patrones de activación eléctricos complejos. El cerebro tiene anatómicamente áreas y neuronas para cada palabra, en especial para la palabra *no*. Cuando escuchamos *no* la actividad del cerebro se incrementa desde el área temporal izquierda, frontal inferior y parietal superior izquierda. La gran mayoría de nuestro lenguaje es entendido y hablado por el hemisferio cerebral izquierdo; aunque algunas palabras pueden estar entendidas en ambos hemisferios cerebrales, el cerebro derecho sabe entender la palabra *no* de manera distinta, principalmente en contextos abstractos. Palabras semejantes activan también a las mismas neuronas, de esta manera decir "negativo", "niégalo" lleva a las neuronas a que entiendan un "no".

Setenta y cinco por ciento de nuestro entorno: hambre, decisiones, atención y lenguaje que escuchamos, depende de nuestra interpretación, por lo que, en ocasiones, a la palabra *no* nuestro cerebro la interpreta con enojo, tristeza o gusto. Los neurotransmisores relacionados con la felicidad interpretan con mayor atención el proceso de un "no", generando atención selectiva y procurando darle más significado.

El cerebro entiende en 300 milisegundos el significado de un rotundo "¡no!", la sensación es desagradable, más cuando se esperaba otra respuesta; si la expectativa era muy grande, entonces el "no" activa áreas neuronales que procesan, además de dolor, enfado y llanto, casi de forma inmediata.

Esta emoción asociada a un proceso puede a llegar a ser tan grande que, dependiendo del contexto social en el que se da, puede propiciar odio, aumentar el estrés, lastimar la autoestima o inducir a tomar decisiones sin pensarse en las consecuencias. Un "no" puede generar de inmediato en cerebros inmaduros la necesidad de venganza o la búsqueda de alternativas conductuales para reducir la frustración, y otorgar una sensación de haber fallado. El cerebro se tarda menos para aprender cuando hay elementos negativos.

Una personalidad con buena salud mental se recupera adecuadamente y más rápido de lo negativo de la vida. Un cerebro maduro o entrenado, al enterarse de un "no", sabe salir más rápido del dolor moral, controlar mejor las emociones y se valora más el proceso del silencio.

Ciertos medicamentos antiinflamatorios como el acetaminofén o el ácido acetilsalicílico disminuyen la sensación de dolor o enojo de un "no". Esto se descubrió en forma indirecta, conste: no hay que abusar. La disminución de prostaglandinas disminuye la percepción negativa. Comer picante puede disminuir el enojo de un "no" inesperado, la capsaicina, principio activo del chile, genera liberación de endorfinas, que disminuyen o modifican el enojo o una posible discusión.

Abrazar, tocar y argumentar con calma libera más oxitocina en el cerebro; en estas condiciones, explicar tocando al interlocutor, un "no" puede aceptarse más rápido o nos hace sufrir menos.

Enséñale a tu cerebro quién manda

1) El significado de la palabra *no* está presente en la naturaleza humana. Una palabra de gran utilidad que si la dijéramos más seguido ayudaría en gran medida a la conducta humana y a la construcción de una adecuada personalidad; saber decir "no" a tiempo ayuda a construir los límites del cerebro.

2) No entender adecuadamente un "no" puede generar dolor moral, pues activa directamente las zonas cerebrales en las que hace relevo del dolor moral. La prosodia hace una gran diferencia cuando en una conversación la palabra *no* llega a ser la principal inductora de emociones negativas en la sociedad.

3) Lo interesante de decir la palabra *no* es que también puede cambiar su significado o insinuación dependiendo del estado neuroquímico, metabólico y de cansancio que puede tener el cerebro.

_____

EL CEREBRO QUE COMPITE

El cerebro humano es producto de una evolución de 4 000 millones de años, el cual en la edad adulta llega tener 16.3 billones de neuronas, aunque algunos autores mencionan 80 000 millones de neuronas. Estas neuronas están en una densidad muy grande en un espacio pequeño, esta relación no la tiene ningún mamífero, en la evolución somos los animales con un mayor número de neuronas conectadas.

El cerebro evoluciona de una manera impresionante, pues de una sola neurona ¡pueden hacerse 100 000 millones de neuronas en sólo nueve meses! La tasa de división neuronal en nuestro cerebro antes de nacer puede alcanzar una velocidad de 250 000 neuronas por minuto y realizar 30 000 sinapsis por segundo.

El cerebro humano tiene gran capacidad de integración y formación, de discriminar, comparar experiencias previas, prevenir y planificar el futuro, y tomar en promedio 2 160 decisiones al día. Cuando las neuronas son capaces de adaptarse a nuevas actividades, como consecuencia de una reorganización de conectividad asociada a cambios neuroquímicos, le llamamos plasticidad cerebral. La voz humana es la que tiene la mayor capacidad de inducción de reorganización neuronal, de ahí la importancia que tiene el hecho de que nos hablen en las primeras etapas de la infancia.

Tenemos un cerebro hermoso que hace cosas que difícilmente otras especies realizarían, como lo es el pensamiento simbólico, la capacidad indicativa musical y motora, el entendimiento de la capacidad del impacto ecológico, la capacidad de entendimiento de redes sociales y la creación de relaciones a largo plazo. A partir de los 40 años perdemos 5% del volumen cerebral por década, de esta manera acumulamos lo que consideramos más importante en nuestra experiencia de la vida, pero también perdemos neuronas todos los días, disminuye nuestra memoria y nos hacemos más vulnerables a enfermedades degenerativas.

El cerebro humano nunca deja de funcionar, la sangre está siempre circulando y las neuronas consumiendo oxígeno y glucosa. No podemos leer los pensamientos, pero actualmente sí contamos con alta tecnología para identificar los relatos neuronales que en algún momento el cerebro activa en diferentes regiones; cada región del cerebro participa en diversas experiencias, conductas, emociones y recuerdos. La mente necesita al cerebro y no viceversa.

El cerebro humano tuvo una mayor plasticidad cuando cambió su dieta y comenzó a vivir en un solo sitio; es decir, dentro de la propia evolución, cambiar las migraciones por un proceso de estabilidad geográfica permitió que la inteligencia humana fuera más selectiva, se relacionó con otros grupos y se organizó en sociedades, lo cual ayudó a un sedentarismo dinámico y a permitir que el ser humano se multiplicara como especie.

El cerebro humano permitió al hombre utilizar herramientas, lo cual ayudó a una plasticidad neuronal entre los ojos, el cerebro y las manos. La crianza conjunta de los niños en una comunidad y la aparición de las primeras leyes sociales desarrolló una capacidad de convivencia mutua, a la par que apareció el lenguaje, que pudo transmitir a diferentes generaciones. El cerebro humano entonces es un producto de la evolución y el trabajo.

El papel del juego en el cerebro humano es fantástico; los primeros conocimientos se adquieren a través del juego, error y satisfacción. A veces el proceso cambia, cuando llega la edad de ingresar a la escuela, entonces el cerebro humano identifica nuevas reglas para aprender. Es en la edad escolar donde el cerebro aprende a competir, primero contra compañeros del mismo grado y en algunos casos con individuos mayores. El proceso de rivalizar en lo académico está involucrado con los sentimientos de admiración, satisfacción, desaprobación y recompensa.

Al ir madurando, el cerebro humano se da cuenta de que también debe competir ante las expresiones de enamoramiento, por eso cuando llega la adolescencia el interés por el sexo opuesto se convierte en uno de los eventos más significativos para la competencia.

Una de las grandes tragedias que tiene el cerebro más inteligente de la evolución es que nadie nos enseñó a competir, lo hacemos con nuestras propias estrategias aprendidas de nuestras experiencias, las cuales en su mayoría no siempre son adecuadas. Es entonces que el cerebro humano se da cuenta de que debe competir en el marco escolar, en lo laboral, en los procesos psicológicos y en lo social. El hecho de sentir envidia es una valoración de que otra persona posee más cosas, mejores estrategias o un mejor estatus social que nosotros y eso a veces nos hace sentir inferiores.

El cerebro humano le pone más atención al fracaso que al éxito. En las valoraciones, lo propio vale más, pero no sensibilizamos lo que ya tenemos, y sólo cuando lo vemos perdido readquiere su valor. Aprendemos a competir por largos periodos con presuntos adversarios, ante situaciones cuesta arriba, por amenazas reales o, peor aún, inventadas por nosotros, lo cual motiva muchas de nuestras ambiciones, sin darnos cuenta de que este proceso es uno de los principales precursores de nuestra ansiedad e insatisfacción.

Una mente inteligente y creativa se da cuenta de que, si es necesario competir, debe competir contra uno. Es difícil darse cuenta de esto, ya que la madurez de la corteza cerebral más inteligente, la corteza prefrontal, termina su maduración en promedio a los 22 años en las mujeres y a los 26 años en los varones. Antes de esa edad resulta muy complicado madurar el proceso de competencia social en el cerebro, más aún en los varones cuyos altos niveles de testosterona los hacen altamente competitivos contra cualquier persona que se asemeje a ellos en condiciones biológicas y sociales. Por lo tanto, compararse con otros hace que el cerebro prácticamente tenga la sensación de haber perdido en 90%, con el sentimiento de no estar dentro de las expectativas o no tener los resultados que tenía con gran expectativa.

Competir también genera cambios neuroquímicos en el cerebro; en un inicio hay una gran liberación de adrenalina, noradrenalina, serotonina y dopamina, sin embargo, este proceso se va reduciendo, es decir, estas sustancias químicas que generan atención y emoción van disminuyendo su liberación; cuando la competencia no es bien entendida, nueve de cada 10 competidores se sienten frustrados. Lo que pocos han llegado a entender es que los ganadores, campeones, creativos, los mejores en su ramo tienen claro que su principal factor de competencia es y ha sido competir contra ellos mismos y nunca contra los demás.

Vivimos en el tiempo de lo inmediato, de la respuesta rápida, de las comparaciones sin filtro, de la aspiración sin reflexión. Estamos acostumbrados a valorar los logros de otros pensando que es fácil hacerlo y al mismo tiempo desvirtuando el talento de los demás.

En nuestra actualidad, a un cerebro con poca madurez y al mismo tiempo con un alto grado de competitividad le resulta más fácil criticar a otros y eludir responsabilidades, sin analizar el tiempo dedicado para obtener un resultado. Tenemos el mejor cerebro de la evolución, sin embargo muchos preferimos compararnos con los demás, haciendo de esto un motor motivacional, pero en la gran mayoría de los casos los resultados no son los más adecuados. Las grandes mentes de todos los tiempos han dado el mejor ejemplo, el ensayo-error, el volverlo a hacer y encontrar —a través de un estudio meticuloso— el error y no volverlo a cometer; es una de las mejores experiencias que indica que una de las mejores decisiones y más grandes satisfacciones es ser uno mismo el parámetro de comparación y superación.

La próxima vez que estemos tentados a compararnos con otros, tengamos en cuenta que ello viene asociado a toda una serie de descalificaciones si no garantizamos el éxito. Somos el mejor ejemplo para aprender de nuestros propios errores, consolidados en la memoria y ejercidos a través del control de las funciones cognoscitivas. Seamos mejores, el mejor rival, el más leal y la persona que nos va a enseñar más.

Enséñale a tu cerebro quién manda

1) La plasticidad neuronal durante toda la vida es maravillosa; el cerebro aprende como un producto de una evolución exacta, de una neuroquímica perfecta, la cual se atenúa cuando pretendemos competir en condiciones desiguales.

2) El mejor maestro para el aprendizaje son los errores. La enseñanza es mejor cuando el alumno quiere aprender y no cuando el profesor quiere enseñar.

3) Las mentes creativas e inteligentes valoran su avance a través de su propia superación.

ALGUNAS COSAS QUE
MEJORAN LA VIDA

El cerebro humano madura a lo largo de la vida, este órgano entiende que es enormemente satisfactorio cumplir objetivos, lograr exitosamente metas y cumplir sus sueños. Para que suceda esto, las neuronas deben aprender de los errores, modificar estrategias que mejoran decisiones. Para ello se debe identificar qué nos gusta, qué mantiene nuestra atención, cuáles son nuestras pasiones, cuáles los objetivos que generan felicidad y qué es realmente lo que nos hace sentirnos satisfechos. Todo es un proceso que les sucede a los seres humanos, e independientemente de la cultura en la que se desarrollan, a todos les pasa. La madurez de nuestro sistema nervioso nos hace entender que no hay recetas de la felicidad, no existe un elixir de la eterna juventud y las felicidades no son eternas.

Los aspectos biológicos del cerebro los compartimos prácticamente en 99% todos los seres humanos. Sin embargo, no todas las sociedades comparten rasgos psicológicos y sociales que retroalimentan el contexto biológico. Para algunos seres humanos es muy importante la posesión de bienes materiales, para otros el reconocimiento social es fundamental, para algunos sectores de la sociedad resulta imprescindible mantener relaciones sociales de calidad; para otros, lograr los objetivos profesionales, o bien, para la gran mayoría, la importancia del mantenimiento de la buena salud. Es decir, existe un determinismo recíproco entre los aspectos biológicos, psicológicos y sociales para identificar, mantener el bienestar y encontrar los detonantes que nos hacen felices. Cada uno de estos detonantes tiene la característica subjetiva de nuestras contradicciones humanas.

No podemos hablar de un decálogo específico para todas las culturas que establezca qué nos hace sentir bien, sin embargo, reconocemos que un adecuado bienestar biológico-psicológico-social es la base fundamental para adaptarlo mejor a los problemas, mantener un estado de salud y el sustento de lo más cercano a la felicidad. De esta manera y sin determinismos se pueden identificar algunos elementos que ayudan a mejorar nuestra cotidianidad, la autoestima y, por supuesto, nuestra salud mental.

El Primer punto es elaborar la descripción de nuestras emociones, saber etiquetarlas, pues con ello no sólo identificaremos motivaciones, felicidades, enojos y frustraciones, además nos ayudará a identificar también la interpretación de las emociones de nuestros interlocutores. De esta manera, categorizar nuestras emociones no nos hace vulnerables, al contrario, nos ayuda a reconocer fortalezas. Así, por ejemplo, saber entender nuestra tristeza y no reprimirla es el hábito adecuado que nos ayuda a reconocer posibles alternativas de solución.

El Segundo punto insiste en la calidad de la interacción social que tenemos. El cerebro humano necesita de otros seres humanos para inducir su plasticidad neuronal. Es muy importante el reconocimiento de nuestro contacto social de calidad; amigos y familiares son esenciales para nuestra vida, pero también es fundamental entender quiénes nos generan disonancia cognitiva, quiénes no están de acuerdo con nosotros, quiénes son nuestros principales críticos, entender esta parte de nuestra vida nos hace conscientes de malos hábitos, defectos y errores continuos que tenemos.

Sabernos imperfectos es fundamental para no caer en los mismos errores, al mismo tiempo que evitar a una persona superficial nos ahorrará tiempo, emociones negativas y sobre todo malas experiencias. No necesitamos ahondar en la vida de todas las personas que decimos querer, se trata de tener calidad y no cantidad de amigos. La felicidad, el odio y el enojo crecen cuando se comparten. Sin embargo, la felicidad crece en la misma proporción cuando se ve sonreír al otro, de ahí la importancia de focalizar quiénes son las personas más importantes a las que podemos hacer felices con nuestra presencia.

El Tercer punto que tenemos que considerar es entender que el principal amor de nuestra vida reside en nosotros mismos, vernos al espejo para razonar que somos la principal persona que debemos cuidar, querer, alimentar y dejar descansar. La misma calidad de esta aseveración indica que también nos podemos convertir en nuestros peores enemigos si no entendemos la importancia de los cambios, recuerda siempre: frente a un espejo se encuentra la persona más importante de tu vida.

La autoestima se convierte en una herramienta fundamental en nuestra vida, las críticas deben entenderse, pero no deben ser utilizadas para detenernos en el cumplimiento de nuestros objetivos. Siempre habrá críticos, pero a todos se les puede derrotar, ellos deben ser el impulso para el crecimiento personal y profesional. Romper una relación, abandonar un proyecto o concluir inadecuadamente un objetivo debe verse como un evento positivo y no como una tragedia, al hacerlo así el cerebro le otorga una sensación de crecimiento emocional, de avance profesional y personal y, por supuesto, la posibilidad de un incremento en la productividad.

El Cuarto punto a considerar señala que la madurez de la vida se alcanza cuando entendemos que no hay necesidad de mostrarle a nadie nuestras capacidades, no necesitamos validarnos ante otras personas, sólo ante nosotros, y con ello entender que parte de la vida se trata de agradarnos y no a los demás. Podemos seguir fantaseando con nuestros sueños mientras podamos lograrlos, se vale soñar despiertos mientras los objetivos sean reales, alcanzables, de otra manera sólo se logrará que la gran mayoría de los seres humanos se sienta frustrada.

No todos podemos ser felices en la misma magnitud, es un error pensar que lo que nos hace felices hoy nos debe hacer felices toda la vida, de esta manera entenderemos que el cerebro desensibiliza los momentos más hermosos que hemos pasado en este mundo; sin embargo, el cerebro quiere volver a repetirlos. La felicidad tiene un lado *b*, las alegrías son cortas, repetir lo que nos hizo felices elimina gradualmente la motivación para lograrlo nuevamente. De esta manera el Quinto punto indica que es adecuado perseguir la felicidad, pero la felicidad no se puede forzar.

Es fundamental entender que la felicidad no debe sopesarse de acuerdo con los bienes materiales, tampoco se encuentra en la persona que está junto a mí, es todo un proceso neurobiológico y químico que se genera en nuestro cerebro, por lo que la felicidad depende mucho de las habilidades, desarrollo y reflexiones sobre los logros y metas; este proceso de satisfacción con uno mismo indica que no se necesita ser otra persona, no es necesario mentir sobre nuestros logros u obsesionarnos por obtener cosas para que el juicio de otros sobre nosotros genere felicidad.

El Sexto punto radica en pensar y hacer, ejecutar y comprobar. El cerebro humano que realmente desea algo hace todo para obtenerlo, manteniendo las expectativas. Es un error esperar la aprobación de terceros, solicitar permisos para lo que es posible obtener con base en el trabajo, la preparación, el estudio o el esfuerzo. Existen muchos ejemplos de personas arrepentidas por no atreverse, por cumplir expectativas externas, por mantener lo políticamente correcto. Las personas que obtienen una ganancia o beneficio a través de su esfuerzo manifiestan mayor sensación de bienestar que aquellos a los que se les otorgó el mismo beneficio de una manera pasiva o por herencia. Si nos atreviéramos más, nos arrepentiríamos menos, parece una paradoja, pero no lo es, los grandes éxitos y satisfacciones vienen precedidos de grandes errores.

El Séptimo punto establece que una persona mejor preparada, con más experiencia, con un mejor conocimiento y que sabe cómo utilizar estas condiciones controla más sus emociones, tiene madurez y establece un mejor ambiente de trabajo o familiar. Si realmente queremos mejorar en la vida y cambiar lo que parece imposible, hay que entender que los problemas nos hacen madurar, que las crisis nos hacen crecer. Prepararnos, tener errores y volver a empezar es labor de todas las experiencias humanas, desde un niño en edad preescolar hasta un estudiante de doctorado pasan por este proceso. Las personas inmaduras a menudo tienen el conocimiento, pero su principal conflicto es no saber qué hacer con ese discernimiento; el conocimiento en una persona sin madurez la convierte en excelente crítico, pero sin crecimiento personal ni eficiencia, sin conciencia, es sólo una ruina a mediano y largo plazo.

El cerebro humano tiende a buscar el control de las cosas, perder este control genera miedo o ansiedad. Tener el control de una situación nos hace divertirnos mejor o disfrutar aún más los eventos cotidianos. ¿Qué le otorga control al cerebro sobre las cosas? La respuesta es básica: la planificación de las acciones y la organización de las prioridades.

El Octavo punto para mejorar las cosas en la vida indica claramente que jerarquizar los problemas y sus soluciones es fundamental para adaptarnos más rápido, controlar mejor la situación y desarrollar mejores estrategias. La gran mayoría de los seres humanos tiene gran diversidad de problemas, sin embargo, no todos demandan una solución inmediata, saber escogerlos es un privilegio que tiene el cerebro; saber escoger las batallas es un proceso de organización cerebral de madurez e inteligencia.

Siempre vamos a tener enemigos con causa o gratuitos. En la medida en que crezcan nuestras características socioeconómicas, importancia laboral o logros familiares, encontraremos individuos con rencor social o críticas sin fundamentos. No debemos sentirnos culpables de las frustraciones externas. No podemos complacer a cada uno de nuestros críticos, eso es prácticamente imposible, pero le genera demasiada molestia a la parte más emotiva de nuestro cerebro. La peor estrategia que podemos tener en la búsqueda de agradar a los demás es que en un tiempo no muy largo nos sentiremos emocionalmente cansados, incómodos y frustrados. Este Noveno punto indica que no podemos vernos en el espejo de las críticas sin antes hacer una evaluación objetiva del problema.

La gran mayoría de las críticas sin fundamento hechas a las personas maduras y exitosas tienen un común denominador:

son realizadas por mujeres y hombres que no tienen buenas cualidades, no tienen logros para criticar y tienen una historia de devaluación psicológica o laboral que los hacen malintencionados en sus argumentos, usan palabras altisonantes, adjetivos negativos o distorsionan la verdad con el objetivo de hacer ver mal a los demás. Lo importante es detectarlos y no engancharse en los mensajes de estos personajes. Saberlos presentes no significa que tengamos que contestarles a las injurias o mentiras que elaboran. Comúnmente lo que satisface a sus necesidades es que después de su crítica destructiva el criticado se rebaje a su mismo nivel proyectándose en las mismas palabras y objetivos que recibió, de esta manera se cumple el ciclo negativo propuesto por ellos: perpetuar sus críticas y buscar que les respondan con enojo. Un cerebro con madurez sabe que estos personajes negativos son previsibles, de ahí su principal factor vulnerable; en la gran mayoría de las provocaciones no se les debe contestar.

Finalmente, la gran mayoría de las despedidas, cierre de ciclos sociales o laborales, rupturas amorosas o conflictos familiares, generan conflictos emocionales que nos cuesta trabajo llevar o al menos entender a corto plazo, los cuales son inductores de molestias, dolor moral, tristeza, enojo, frustración o pueden llevarnos a un trastorno de la personalidad como puede ser la depresión, obsesión o crisis de ansiedad. El Décimo punto invita a la reflexión, y nos dice que para tratar de hacer mejor nuestra vida no estamos obligados a sacar por completo a aquellas personas que nos han generado tanta molestia o dolor por su desdén o partida. Las neurociencias indican claramente que 87% de nuestras relaciones se van a romper en menos de cinco años, lo cual indica que de 10 personas que conocemos solamente una se quedará en nuestra vida después de un lustro. Entender estos cálculos matemáticos nos puede ayudar a entender que no debería generarnos tanto dolor, tristeza y emociones negativas el sentirnos rechazados o haber tenido que abandonar una relación. Las personas metafóricamente avanzan en un momento de nuestra vida; son las condiciones alternas las que hacen que algunas se queden, atrás hubo otros avances más rápidos. Este proceso nos hace darnos cuenta de que deberíamos reflexionar al sentirnos rechazados o no queridos; simplemente, el cerebro humano tiene que entender que la gran mayoría de sus relaciones son momentáneas y transitorias.

Como venganza emocional, no como un proceso fisiológico de la memoria, no significa que tengamos necesariamente que sacar de nuestros recuerdos a las personas que más hemos querido y que por alguna razón deban irse de nuestra vida, tendremos que apreciar su presencia con madurez y aprendizaje, lo bueno y malo nos ayuda a identificar los contrastes de nuestras relaciones futuras. A estas personas se les debe de agradecer su presencia fallida en nuestro presente para enseñarnos a valorar lo mejor que la vida tiene para nuestro futuro.

Enséñale a tu cerebro quién manda

1) Resulta demasiado petulante tratar de mejorar la vida de un ser humano a través de consejos. Sin embargo,

sí es posible tener una mejor visión de nosotros y del entorno que nos ayuda a tener una mejora personal y profesional. Es necesario enseñarle al cerebro no sólo a perseguir la felicidad, sino también a ser una persona madura que planifique sus acciones en este trayecto de su vida.

2) Es fundamental entender que no se puede ir por la vida buscando complacer a cada persona con la que nos topamos. Ayuda mucho, para sentirnos mejor, cumplir objetivos y al mismo tiempo seguir nuestros sueños; ayuda mucho saber mirarnos en el espejo para querernos más, tomar una crítica constructiva y saber a cuáles críticas no se les debe prestar atención y pasarlas por alto.

3) Hay pocas justificaciones para abandonar una relación, un trabajo o un compromiso importante; ello sólo se rompe si el vínculo deriva en la imposibilidad de crecer personalmente o desde el punto de vista profesional.

DORMIR PARA APRENDER

Para el cerebro es muy importante la actividad, el ejercicio, la alimentación, el estudio y el trabajo, pero también le es de suma importancia descansar y dormir. Es fundamental dormir para aprender, el sistema nervioso necesita descansar y dormir para consolidar la memoria.

Cada mañana, al abrir los ojos después de dormir, el cerebro ha llevado a cabo procesos neuroquímicos que han ayudado para el aprendizaje; las áreas cerebrales que tenían que aprender algo nuevo: una canción, una ecuación matemática o un nuevo concepto, se han conectado mejor con las neuronas de otras áreas cerebrales. Mientras soñábamos se llevaron a cabo conexiones neuronales en varios núcleos de la corteza cerebral y áreas relacionadas con la emoción (área tegmental ventral, núcleo accumbens) y la memoria (hipocampo y cerebelo), para consolidar nuestros aprendizajes. Lo interesante es que si no había nada importante que registrar en la memoria, el cerebro también decide desconectar redes neuronales y favorecer el olvido de lo innecesario, dejando espacio (neuronas y sinapsis) para que al día siguiente se ocupe si es necesario; aproximadamente hasta 18 o 20% de la densidad neuronal se adapta para dejar espacio nuevo para mejorar las conexiones neuronales.

Durante la noche, cuando soñamos, en especial entre la una y las tres de la mañana, es cuando el cerebro cambia su metabolismo; en las neuronas se sintetizan proteínas responsables de la comunicación celular, receptores para sustancias químicas, enzimas y neurotransmisores, son como la vida en un supermercado donde se prepara todo (limpieza, orden y un balance de lo necesario para rendir mejor), para que al día siguiente se realicen las actividades con eficiencia. Por eso, dormir mal o despertarse en ese horario de la madrugada disminuye la capacidad de memoria, aprendizaje y atención al día siguiente. Dormir bien reorganiza gradualmente las conexiones neuronales (sinapsis) y las neuronas que no son utilizadas o cuyos recuerdos no son necesarios dejan nuevos espacios para optimizar su trabajo ante una nueva información o aprendizajes necesarios, modifican anatómicamente el espacio disponible, garantizando siempre la capacidad de poner atención y aprender.

Cuando estamos despiertos somos conscientes de la realidad, la corteza prefrontal nos obliga a estar atentos a las consecuencias de nuestras decisiones, a los filtros sociales (culpa y vergüenza); las funciones cerebrales superiores como el pensamiento objetivo, el análisis matemático o la lógica nos exigen ser funcionales socialmente. Cuando dormimos y soñamos la corteza prefrontal no funciona; en el sueño profundo en realidad no nos preocupa el mundo, nos vemos volar, no sentimos arrepentimientos, hablamos con personas muertas, soñamos contenidos ilógicos, no sentimos el piso y comúnmente el tiempo no tiene congruencia (mezclamos pasado-presente y futuro). Esto desde el punto de vista fisiológico es una hermosa paradoja, ya que durante los sueños es cuando el cerebro está consolidando su memoria y modifica su metabolismo para que al despertar hayamos aprendido lo necesario y tengamos un nuevo volumen de capacidad neuronal para capturar nueva información.

No todas las conexiones entre neuronas son iguales. Las más grandes y robustas suelen ser las que tienen las memorias más importantes o recuerdos fundamentales de nuestra vida. Las conexiones pequeñas que hacemos y deshacemos son las más vulnerables en nuestros sueños, por ello dormir y soñar es esencial para aprender; dormir ocupa en promedio 30% del total del tiempo en nuestra vida, lo cual no es sutil.

Diversas evidencias en el campo de las neurociencias indican que lo primero que olvidamos es lo último que hemos aprendido. Solemos recordar con detalles las experiencias más emotivas, los eventos importantes y las primeras veces de cada aspecto importante de nuestra vida. Sin embargo, el estrés, no comer adecuadamente, no poner atención y por supuesto dormir inadecuadamente interfieren en el olvido de lo que sucedió ayer o la semana pasada, es decir se afecta la memoria a corto plazo.

Algunos factores importantes que ponen en evidencia la importancia de dormir en nuestra vida son aquellos que afectan directamente en forma negativa al sueño, por ejemplo: estrés, ansiedad, mala alimentación, antibióticos, cambios de horarios, problemas laborales, familiares y de pareja.

Dos hallazgos recientes que pueden disminuir estos eventos negativos y favorecer directamente el sueño son, por un lado, la meditación, la cual tiene la capacidad de disminuir la actividad de áreas cerebrales relacionadas con emociones negativas, como es el caso de la amígdala cerebral: meditar otorga un mejor control en el enojo y la ira y promueve una mejor calidad del sueño. Por otra parte, la estimulación transcraneal puede modificar el ambiente neuroquímico del cerebro; en especial el de la corteza cerebral puede incrementar los niveles de dopamina, noradrenalina y serotonina, con ello predispone mejores niveles de neurotransmisores a una mejor adaptación fisiológica del proceso de sueño y vigilia. Es importante saber que entre más madura nuestro cerebro con el paso del tiempo, la calidad del sueño puede disminuir, por ello, debemos realizar mejorías en la salud de nuestro descanso.

Enséñale a tu cerebro quién manda

¿Qué podemos hacer para dormir mejor? Practica este decálogo:

1) Busca que el cerebro tenga una mejor calidad de sueño, pues esto incide directamente sobre nuestros procesos de aprendizaje y memoria.

2) Ir a la cama con sueño, NO por costumbre. Es importante dormir y no dar vueltas en la cama, ya que la ansiedad retrasa el sueño.

3) No ver la televisión, el teléfono celular o la tableta en la cama. La estimulación luminosa retrasa el sueño y cambia la sensación de cansancio.

4) No hacer siestas vespertinas. Modifican la latencia de sueño por la noche o de plano retrasan el sueño.

5) Comer proteínas (un gramo por cada kilogramo de peso, por ejemplo, si peso 70 kilogramos, es necesario comer al día 70 gramos de proteína). Con ello se garantiza

una mejor forma de adaptar los espacios neuronales de aprendizaje que hacemos en la noche.

6) No comer en la cama. Comer acelera el metabolismo, incrementa la actividad neuronal y retrasa el sueño.

7) Evitar el ejercicio una hora antes de dormir. Ya que el metabolismo, temperatura y la neuroquímica del ejercicio no les permite a las neuronas dormir inmediatamente.

8) Evitar cambios de horarios en forma brusca. El hipotálamo necesita de horarios habituales para inducir horarios de sueño.

9) Reír antes de dormir, los efectos están directamente relacionados con el incremento de la dopamina y beta-endorfina, neuroquímicos que ayudan a relajar los músculos y la tensión nerviosa.

10) Ir a una cama que no es la habitual en la que dormimos todos los días disminuye la capacidad de dormir y descansar. Unas vacaciones en un hotel, el primer día puede ser una mala experiencia. La temperatura debe ser la adecuada. Sudar o tener frío cambian la sensación de cansancio y descanso.

PONER MAYOR ATENCIÓN A LO NEGATIVO

¿Cuántas veces nos hemos cuestionado por qué no creímos inicialmente una información? ¿Por qué somos tan incrédulos? Nos cuesta cambiar de opinión: al cerebro le resulta difícil modificar ideas preconcebidas en nuestro sistema de lógica y congruencia neuronal. En muchas ocasiones, al leer nuevamente una información o cuando vemos la repetición de una película solemos decir: "¡Ya no me acordaba de esa secuencia!" Muchas de las discusiones entre personas se inician porque, no obstante que todos los cerebros quieren tener la razón y nuestra lógica busca tenerla, creemos que tenemos que cambiar nuestra forma de pensar o la de los demás, o modificar una información arraigada: nos cuesta mucho trabajo cambiar una creencia o conocimiento. Además, el cerebro pone más atención cuando nos dicen: "¡No!", cuando iniciamos un desacuerdo o nos desaprueban socialmente; al cerebro no le gusta tener culpa o vergüenza, por lo que generamos comúnmente un sesgo de negatividad, es decir, preferimos realizar cierto tipo de actividades para no ser omitidos.

El cerebro humano está sesgado por la verdad, ya que tiende a creer erróneamente la información que recibe, aun sabiendo que la información es claramente marcada como falsa, prefiere no cambiar sus conocimientos antiguos. Nuestras neuronas se resisten a realizar cambios en nuestras creencias. La gran mayoría de los seres humanos tenemos una insensibilidad hacia la calidad y corrección de la información disponible en nuestro entorno. Nos resistimos a cambiar información nueva que implique un nuevo contexto para modificar nuestras decisiones, es decir, solemos ser "miopes cognitivos" cuando confirmamos información, ya que confiamos selectivamente en los conocimientos que confirmen nuestras creencias. Si una información se repite en forma constante, ésta influye y tiene un impacto en los juicios que hacemos de personas, de sus atribuciones, lo cual tiene un mayor peso para cambiar de opinión. Todos los seres humanos, sin excepción, cuestionamos nuevos conocimientos que nos hacen dudar de información que tenemos, solemos desacreditar la nueva información y emitir juicios e inferencias indebidamente; sin embargo, nuestros juicios y memoria pueden ir cambiando o modificarse gradualmente. Nuestro cerebro tiene la capacidad de editar la información después de un evento. Cuando estamos felices o nos acompañan emociones positivas, solemos cambiar nuestra opinión sesgándola en relación con lo que dicen los demás; esta modificación la generan algunos neurotransmisores para evitar conflictos. De esta manera el cerebro cambia sus juicios y su manera de pensar de una manera distinta cuando estamos acompañados que cuando tomamos decisiones en nuestra soledad.

El cerebro acepta los cambios en su sistema de ideas cuando las pruebas son inadmisibles; con información contundente —y aun así—, fuera de la emoción, tiende a presentar las antiguas creencias que lo hacían validar su opinión. De tal manera que retractarnos en una opinión o una idea es todo un proceso neurofisiológico de integración de varias áreas cerebrales, por lo que los cerebros con madurez e inteligencia suelen hacerlo con mayor rapidez.

Las neuronas suelen trabajar de una manera bioeléctrica perfecta; cada uno de los impulsos que vemos, escuchamos, analizamos y pensamos es evaluado y proyectado en apenas décimas de segundo. Una serie de nuevos procesos neuronales tiene que ser evaluada para aprenderla, atenderla y seleccionarla, por lo que una nueva información que proceda a modificar códigos de actividad neuronal no es rápidamente adquirida, se trastoca o tergiversa, generando resistencia al aprendizaje o la necesidad de una mayor repetición de estímulos para que los nuevos códigos sustituyan a los que ya existían. Este tipo de cambios neuronales sucede en la corteza cerebral, el hipocampo y la amígdala cerebral, por lo que las emociones, los recuerdos y los estados atentivos tienen una relación íntima con nuestros procesos de memoria y aprendizaje. Así que si queremos cambiar una idea preconcebida es necesario tener motivación, poner mucha atención, repetir varias veces la idea nueva o modificada y proyectar la necesidad por la cual queremos hacer este cambio de contenido o creencia.

Nuestro cerebro les pone más atención a las cosas que no nos gustan y, aunque resulta ser una paradoja, también pone atención cuando se pone en riesgo nuestro estado psicológico o emocional y es inminente la sensación de vergüenza, culpa o humillación; así, las redes neuronales que se encuentran activas en el sistema límbico, principalmente en el hipocampo y el hipotálamo, asociado a la actividad del cerebelo y la interpretación de los hechos que otorga el giro del cíngulo y la respuesta que otorga la corteza prefrontal, se activan en una secuencia para incrementar nuestra atención, adelantarnos a los hechos y modificar nuestra conducta.

Por ello, solemos adelantarnos a juicios, palabras e información cuando sentimos que ésta no nos conviene o se encuentra amenazando nuestro sistema de creencias. Este mecanismo neuronal es innato de nuestro sistema nervioso, pero también tiene un proceso de aprendizaje psicológico y de retroalimentación social durante toda nuestra vida. Éste es el sustrato neurofisiológico que ayuda a entender por qué lo que antecede a una evaluación negativa puede despertar dolor moral o enojo, por qué en ocasiones genera tanta furia una desaprobación y también por qué no podemos creer en una mala noticia al principio.

El aprendizaje y la memoria tampoco son tarea fácil para una red neuronal en formación, mucho menos para un cerebro maduro; la información que sustituirá a otra debe ser estimada de manera minuciosa, esto garantiza nuevas estrategias neuronales de adaptación, buscando como retroalimentación positiva un factor de satisfacción, de otra manera el cerebro no lo integrará de inmediato.

Enséñale a tu cerebro quién manda

1) Para realizar un cambio importante en nuestro sistema neuronal de ideas y objetivos preconcebidos debemos tener una gran motivación, la información que sugiere el cambio debe ser repetida y debemos saber el significado y la proyección del nuevo concepto, idea

o estrategia de aprendizaje; también el cambio se puede dar si se acompaña de un reforzador negativo o en situaciones amenazantes; en contraste, el aprendizaje que se va a generar en estas condiciones estará asociado a incomodidad e insatisfacción. No toda letra con sangre entra, no todo aprendizaje debe ser condicionado.

2) Todos solemos poner reparos a la primera impresión de personas o de algún conocimiento, de ahí la importancia de ser conscientes cuando sea necesario cambiar una opinión o modificar lo que consideramos verdades absolutas. Las emociones y los prejuicios siempre van a jugar un papel importante en nuestras opiniones y conocimientos.

3) Ideas y conocimientos importantes requieren cambios neuronales graduales. Si los aprendiéramos de manera inmediata, ocasionarían dolor, sufrimiento y culpa, además de que no se garantiza mayor eficiencia y se puede afectar la objetividad.

_____

EL CEREBRO Y EL PODER POLÍTICO

Al cerebro humano lo pueden modificar en su estructura y sus funciones varios eventos sociales, entre ellos tener y ejercer el poder político. Es muy común identificar que muchos personajes al ocupar un gran cargo político suelen convertirse en otra persona, su conducta se transforma, cambia su forma de pensar, de comportarse y de enfrentar sus problemas. La historia de la humanidad nos ha comprobado que mientras más poder e influencia se ostenta, los malos líderes o gobernantes muestran menos ética en sus actos y decisiones.

El poder genera erróneamente detección y evaluación de estímulos en el cerebro; por ejemplo, lleva a sobrestimar las capacidades de quien ostenta el poder, disminuyendo su autocrítica, al mismo tiempo que ignora los puntos de vista de otras personas, reduciendo el impacto negativo de sus errores y con la necesidad de aprobación de la gran mayoría de sus colaboradores cercanos. Si bien existen políticos que son la excepción, la mayoría de ellos explota la posibilidad de aprovechar el poder a su beneficio, o en su defecto, anulando lo que consideran críticas mal elaboradas, y aún más, cambiando su forma de comportamiento, sus conductas habituales y transgrediendo los frenos sociales que antes le habían funcionado.

Una conducta humana muy habitual es que al sentir un gran margen de independencia en su desempeño la gran mayoría de los seres humanos se siente con mayor capacidad de decisión.

Son muchos los factores involucrados para que el poder permita cambios en la conducta del líder; por ejemplo, tienen mucho que ver los primeros años de su infancia, las vicisitudes a las que se enfrentó, el contacto social que tuvo, además de los rasgos de personalidad de cada individuo, la opinión acerca de uno mismo y la situación política. Es común ver que las capacidades y conductas positivas que tiene un político como luchador social o candidato las pierde o las transforma cuando llega al poder.

Un cerebro que ejerce poder político fisiológicamente disminuye sus filtros sociales. Algunos factores biológicos involucrados indican que los cerebros de estos personajes expresan altos niveles de dopamina, adrenalina y testosterona; de esta manera, el común denominador de un líder hombre son: altos niveles neurotransmisores motivantes asociados a una hormona que masculiniza, lo cual favorece la expresión de un cerebro egoísta y agresivo. Estos cambios neuroquímicos impulsan conductas misóginas,ególatras, arrogantes, que gradualmente alejan al líder de los valores iniciales que el personaje solía tener y cuyo carisma lo llevó al poder.

En parte, esto explica por qué algunos varones son frecuentemente más malos políticos y tienen más historias de corrupción que las mujeres líderes. Los varones suelen perjudicar más con sus acciones a una población, ya que muestran una tendencia a la mitomanía; los políticos más destructivos son los que han actuado sin conciencia, los que a través del poder esconden sus prejuicios, traumas, pasiones, limitaciones y proyecciones sin fundamento.

El poder hace al cerebro más ávido a recompensas. Ésta es la base que fundamenta actos de corrupción; un lucro desensibiliza lo ganado, una mentira repetida varias veces quita el sentido moral de lo que se rompió.

La justificación que otorga la corteza prefrontal ante estas situaciones puede llevar a actos graves de cinismo. Cada vez satisface menos lo obtenido y se pierden los frenos sociales. En estas condiciones, el cerebro empieza a perder control y aparecen algunos trastornos que incluso pueden ser visibles; la obsesión, paranoia, enojo constante, manipulación y posiciones irreconciliables son frecuentes cuando la situación social e histórica empeora. En el cerebro de un político con poder ilimitado se pierde gradualmente la base de los escrúpulos. No expresa arrepentimiento, las normas sociales se desvanecen en sus actos.

¿Qué tiene en común la conducta de los cerebros de estos políticos?

1) Ocultan sus necesidades y ambiciones, critican crónicamente a líderes pasados que no pueden defenderse.

2) No hablan de su entorno social o familiar.

3) Explican parcialmente sus actos y los justifican cuando se sienten supervisados, observados o se encuentran bajo presión de una evaluación pública.

4) Procuran no dar detalles de sus decisiones, enarbolando posibles resultados, minimizan las consecuencias.

5) Pueden llegar a ser violentos o caprichosos en sus círculos más cercanos, dejando en claro que ellos tienen la última decisión.

6) Su cerebro amenaza y manipula a quienes no lo adulan o representan una crítica constante hacia su trabajo o su persona.

7) Ante un conflicto o desavenencia, muestran conductas histriónicas: procurando victimizarse en la mayoría de las ocasiones.

8) Sobreestiman sus capacidades intelectuales, psicológicas, físicas o profesionales.

9) Son propensos a una doble moral.

10) Tienden a trastornos de la personalidad del tipo narcisista o a psicopatías, como la obsesión, neurosis y depresión.

De acuerdo con el trabajo de Kevin Dutton, los políticos más psicópatas en la historia de la humanidad han sido:

- Sadam Hussein
- Enrique VIII
- Idi Amin
- Adolfo Hitler

El cerebro de los líderes políticos está expuestos a una gran cantidad de factores estresantes, lo cual incrementa de manera muy importante los niveles de cortisol, los predispone a un mayor desgaste y desequilibrio metabólico, y no sólo son más propensos a envejecer rápidamente, sino también a deteriorar su salud física y mental en tiempos más cortos.

En México este proceso de cómo el poder político cambia al cerebro es común, sólo que algunos lo han enmascarado u ocultado perfectamente. Políticos, gobernadores y presidentes nos han dado muestra de lo mencionado. Hemos sido testigos de muchas decisiones que nos han afectado sin ser oportunamente reconsideradas, donde la utilidad del conocimiento para impedir daños inminentes fue manipulada; mientras, la expresión de paranoia, agresión pasiva, megalomanía y depresión han acompañado a los líderes más importantes de este país.

Enséñale a tu cerebro quién manda

1) El poder político y el liderazgo pueden modificar algunas redes neuronales en su activación, también los niveles de varias sustancias químicas en el cerebro, lo cual implica que el líder político debe ser consciente de estos cambios para utilizarlos a favor de la población y del país que representa. El cerebro de un líder, un gobernante o un político responsable debe ser consciente de su responsabilidad, de que la vida de muchas personas está directamente relacionada con el resultado de sus decisiones.

2) Las decisiones de un cerebro que detenta el poder puede incidir directamente sobre la vida de millones de personas y en muchos aspectos: económicos, sociales, pero sobre todo en cuanto a salud. La buena o mala salud mental de un país depende de sus instituciones; los niveles de violencia, la atención a la salud pública y algunos rezagos económicos son los principales detonantes

del estrés, la ansiedad y la depresión de la gran mayoría de la población.

3) A todos nos conviene que quienes nos gobiernan tengan buena salud mental.

_____

CAPÍTULO 2

Lo que no le ayuda al cerebro

LA DISCUSIÓN

El enojo es una respuesta del cerebro ante una disonancia cognitiva, ante lo que se opone a la lógica que se tiene y la oposición del elemento básico que busca todo cerebro humano: tener la razón. El enojo puede ser proactivo o reactivo. Emana de las partes menos inteligentes del cerebro y atrapa respuestas inmediatas que no necesariamente son las mejores analizadas. Depende de nuestros niveles neuroquímicos (75% es interpretación), del aprendizaje, del horario, de la presencia de terceros, incluso de la época del año y de satisfactores inmediatos.

¿Por qué discutimos? Comúnmente el cerebro quiere ganar una discusión o evitar culpa o vergüenza. Reaccionamos a lo más habitual, engañoso y ofensivo, lo cual depende de la cultura y aspectos psicológicos de cada individuo y de la subjetividad del momento.

La discusión puede tener varias etapas:

1. *Fase de incremento en la velocidad de pensamiento:* pensamos rápido, pero disminuimos objetividad. La amígdala cerebral analiza todo como amenaza. La corteza prefrontal empieza a perder proyección social, se toman las amenazas o faltas como personales. La adrenalina se libera de forma rápida y el metabolismo cerebral aumenta. Se elimina atención global y se objetiva la atención. El hipocampo hace recuerdos inmediatos y mezcla tiempos, palabras, espacios y personas. La dopamina genera atención selectiva, emoción para amplificar memoria. La serotonina genera obsesión, activando al giro del cíngulo para interpretar. Se hace más intensa la etapa de amenaza personal y emoción negativa (es cuando alguien indica "me hierve la sangre"). Esto depende de la edad, los detonantes y el contexto de la situación.

    El cerebro de las mujeres entiende más rápido las palabras, el tono y la intención; suelen emitir más palabras en tiempos más cortos. Cerca de su ovulación, son aún más claras para hablar y más agudas para entender. Una mujer cambia su discusión de acuerdo con la etapa de su ciclo menstrual.

2. *Fase de agudeza de prosodia y verbalización:* se va perdiendo atención en la manera como escuchamos las palabras gradualmente, se normaliza el tono de la voz.

Voces agudas cansan más y desesperan más al cerebro, en especial los lóbulos temporales inician a desensibilizar la manera como se habla. Por esta razón el cerebro cambia el tono, la expresión y el lenguaje corporal, queremos influir tanto que la voz nos puede temblar. Los individuos que más discuten inician haciéndolo desde los ocho hasta los 12 años y el desarrollo continúa hasta los 25 años. Existen distintos factores que detonan y cambian las discusiones. Hambre, sueño o estrés incrementan el estado de irritabilidad en el individuo, la verbalización cambia y la interpretación de las palabras también. Aparecen las groserías o los adjetivos hirientes.

El cerebro de las mujeres tiene más grande el hipocampo, el área tegmental ventral, el cuerpo calloso y el giro del cíngulo, es decir: ellas recuerdan más en menos tiempo, se emocionan más que un varón y activan con mayor eficiencia los hemisferios cerebrales, interpretan mejor las emociones. Los varones tienen más grandes las amígdalas cerebrales y su testosterona, esto los hace iracundos, posesivos, dominantes y más violentos reactivos y proactivos.

3. *Fase altisonante o gritos:* las amígdalas cerebrales se sobreactivan, en especial los núcleos centrales, ganándoles en la velocidad de funcionamiento a las partes más inteligentes del cerebro (prefrontal, ventro medial y áreas asociativas, es decir el cerebro pierde objetividad y límites). Se activan áreas emotivas y disminuye la memoria a corto plazo. La corteza prefrontal disminuye su funcionamiento en promedio durante 25 a

30 minutos. No hay objetivos de análisis, sólo descripción. El hemisferio cerebral derecho mantiene mayor actividad (menos realista, en búsqueda de reacción, eventos menos pensados). El cerebelo, una parte del cerebro que nunca está presente en la objetividad, se mete a discutir obviedades y tonterías. El hipocampo se pone a analizar detalles de memoria o pensamientos anacrónicos. Se activa el sistema nervioso simpático: incrementa la actividad cardiaca, la respiratoria, la sudoración, disminuye la motilidad intestinal, se seca la boca. El cerebro piensa más rápido de lo que puede hablar y está a punto de detonar su violencia. Los ganglios basales toman control de actividades y pensamientos al reverberar los ciclos de atención: repetimos, damos vuelta al sentido de la discusión, analizamos lo que nos conviene y el proceso se convierte en ciclos interminables de volver a empezar la discusión.

4. *Fase de golpes:* ya no hay control prefrontal, el cerebro se vuelve completamente límbico, como el de un felino enojado. Dejó la inteligencia hace 20 minutos. Entre más testosterona, más violencia. El ser humano genera procesos instrumentados de violencia, no sólo física, sino verbal. Se presenta el prototipo de agresor de su propia especie, se convierte en depredador de sus congéneres, el hecho de ganar ya es una fuente inmediata de placer al causar un daño o la muerte. Se inicia un trastorno cercano a la psicopatía, cuando se busca placer al realizar una agresión, esto sólo sucede cuando el individuo es afectado por antecedentes o estados transformados por adicciones. En un estado

de salud mental adecuado y una corteza prefrontal sana, la fase violenta se puede autolimitar.

La impulsividad tiene una relación directa con los niveles de dopamina, mientras más altos sean los niveles de este neurotransmisor, el individuo actuará con menos lógica, por lo tanto, tiene menos congruencia y cede a sus impulsos, llegando a ser más violento, más agresivo.

Si hay adrenalina, el detonante violento se impulsa más rápido. Los individuos más violentos tuvieron una etapa difícil en la formación de redes neuronales, el periodo crítico fue entre los ocho y los 12 años. Al ser expuestos a un estrés agudo, los hombres se vuelven mentalmente más activos, es el único momento en que se invierten los niveles de actividad cerebral, ya que la mujer disminuye el número de neuronas activas en dichos momentos. Otro factor importante son los niveles de cortisol. Cuando se presentan situaciones apremiantes se elevan los niveles de cortisol, la interpretación de los actos se vuelve más agresiva por parte de los varones.

5. *Fase de llanto:* no en todas las discusiones se llega a llorar. Es 75% más frecuente en las mujeres, 90% más fácil cerca del ciclo menstrual. Los varones inician con mayor facilidad su llanto después de los 35 a 38 años. Varios componentes están involucrados: la sensación de vulnerabilidad, la necesidad de una explicación, procesos culturales, subjetividad y la búsqueda de autolimitar el detonante. Somos la única especie que interpreta las lágrimas de nuestro

interlocutor, mediante el giro del cíngulo, una región del cerebro que otorga la interpretación a las lágrimas: la más importante (si es que hay salud mental), calmarnos, hacernos sensibles, ser empáticos y solidarios. A los 500 milisegundos de la primera lágrima el cerebro empieza a tranquilizarse; la única manera de decirle a la amígdala cerebral que se calme es a través de un lenguaje de interpretaciones, de esta manera se busca tranquilizar tanto al agresor como al agredido. El metabolismo cerebral se incrementa aún más para cambiar la función objetiva del enojo y tratar de modificar la furia del violento. Llorar busca empatar y mostrar vulnerabilidad. Después de llorar, el ser humano se siente más cansado, evita discusiones, cambia la neuroquímica de la discusión o la evita. El cerebro humano aprende esto a tal grado que manipula con lágrimas las discusiones.

Los niveles altos de testosterona en los varones disminuyen el reflejo del llanto y la interpretación del mismo. Por eso, la gran mayoría de varones jóvenes no comparten la magnitud de la tristeza y les cuesta trabajo creer en las lágrimas de los demás. Un hombre menor de 25 años que llora en una discusión puede ser que finja y no conmueva a los demás.

6. *Fase de calma:* 30 minutos después de iniciar una discusión violenta, con golpes y llanto... vidrios rotos, muebles fuera de lugar y ropa desgarrada. ¿Qué pone freno a la discusión?: la actividad de la corteza prefrontal. Para contrarrestar las situaciones de miedo, agresión, tristeza o estrés agudo, lo más apropiado es

la liberación de oxitocina. Abrazar, besar, escuchar con empatía incrementan los niveles de oxitocina. No hay manera de que un cerebro sano quiera seguir en la violencia después de 30 minutos. Las discusiones que no se limitan en ese tiempo indican cerebros con salud mental inadecuada, envueltos en un ambiente tóxico. Cerebros de personas con trastorno de la personalidad.

Enséñale a tu cerebro quién manda

1) El cerebro humano discute con más vehemencia y menos recursos en las primeras etapas de su vida (infancia y adolescencia); gradualmente puede discutir menos y tolerar más. Sin embargo, esto no elimina el paso por las fases de agresión y violencia que suelen acompañar a una discusión mal entablada.

2) En una discusión lo que realmente quiere el cerebro es: ¡tener la razón! Se puede avanzar mucho en evitarla si en una discusión prevalece la objetividad de cada punto de vista, sin elevar la voz y evitando las groserías.

3) Para una discusión se necesitan por lo menos dos cerebros enojados, si uno de ellos es maduro y congruente las discusiones no duran mucho tiempo.

TIEMPOS DIFÍCILES Y EL CEREBRO

En tiempos de miedo, incertidumbre o estrés sostenido disminuye nuestra atención, las emociones reducen la objetividad y nos contagiamos con mayor facilidad de los desconciertos sociales. Las vías nerviosas que responden a las amenazas inmediatas difieren de las que requieren deliberación.

Las redes neuronales de los centros de atención (hipocampo e hipotálamo) e interpretación de información (giro del cíngulo y amígdala cerebral) se sobreactivan, reduciendo capacidad de filtro, adelantando resultados y proporcionando sesgos negativos a las deducciones.

La decisión ante una agresión entraña riesgos y pone en juego circuitos neuronales específicos. Por ejemplo, la agresividad tiene un efecto gratificante como los sentimientos de superioridad y dominación, un componente hedonista y de intimidación que puede llegar a la conducta criminal, brutal y psicopática.

Un cerebro tranquilo controla la emoción, redacta mejor, no interpreta, realiza mejores planteamientos; lejos de un miedo latente, la angustia repetitiva o la ansiedad, el cerebro en un estado de serenidad proyecta mejor sus resultados o el análisis pronosticado, ya que la actividad de la corteza prefrontal se focaliza en los detalles, tan importantes en la solución de problemas.

¿Qué sucede en mi cerebro en tiempos difíciles? Durante condiciones de una presión social constante o en tensión emocional, en situaciones de tristeza sin manejo adecuado o durante el enojo permanente sin soluciones mediatas, la atención no focalizada y los procesos neuronales que atienden estímulos pequeños disminuyen significativamente, interpretando y pretendiendo observar sólo lo que se desea mirar. Vemos lo que mejor nos ajusta, editamos los contenidos de nuestra realidad a nuestra conveniencia. Como muestra, es sabido que nuestra atención divaga entre 30 y 70% cuando estamos dentro de un problema. Un pensamiento sostenido y reverberante se empieza a realizar en estructuras cerebrales llamadas ganglios basales, esto hace que una idea se recicle y se procese como un evento rumiante y repetitivo; en otras palabras, son nuestras preocupaciones y las ideas obsesivas que llevan a un análisis sin soluciones reales o nos regresan al sitio de inicio, pero con el optimismo derrotado y cansados del pensamiento monotemático.

El miedo y el estrés son respuestas del sistema nervioso central ante un problema que no se conoce y demanda solución para adaptarlo. Los problemas surgen cuando ambos se prolongan más de 90 minutos. La fisiología de nuestro cuerpo adapta la liberación de hormonas que sobreactivan la función de varios órganos: de esta manera la adrenalina agudiza el pensamiento ante estímulos peligrosos, acelera el corazón, incrementa la frecuencia respiratoria, aumenta la pérdida de líquidos y disminuye la motilidad intestinal.

A mediano plazo se incrementa el cortisol, que favorece el aumento de los niveles de glucosa por activación directa de degradación de proteínas y otros sustratos, generando un estado de alerta sostenido; esto da como resultado problemas para dormir, pues la mayoría de los estímulos se convierten en factores amenazantes, interpretamos con dudas, nos irritamos de más y el tiempo de descanso disminuye.

Los niveles altos de vasopresina que comienzan a elevarse a mediano plazo van cambiando nuestra interacción con los demás, nos hacemos intolerantes. Los niveles de oxitocina, la hormona del amor, de los apegos y la que nos permite perdonar, disminuyen, generando sensación de vulnerabilidad; en conjunto, surge una disminución de los niveles de serotonina, nos cambia el estado de ánimo y nos mostramos más cercanos a la melancolía y la obsesión.

El miedo, la angustia o un largo confinamiento cambian gradualmente la percepción e interpretación de las cosas de la vida cotidiana. Disminuimos el interés por lo habitual, las neuronas se desensibilizan más rápido a la información repetida, la apatía nos abraza y solemos aburrirnos fácilmente.

El cerebro siempre desea repetir los motivos que le generaron felicidad, las neuronas recuerdan momentos, no días; por ello, nuestras neuronas quieren ir al teatro, estar en un concierto cantando y brincando, repetir la escena de las risas en un ambiente relajado, de la comida deliciosa o de estar sentados frente al mar. En especial, cuando se le da la orden contraria a realizar lo que más le gusta, le genera más deseo de tenerlo o repetirlo.

Sentirnos aislados, enfermos, sin dinero o amenazados genera una reacción semejante a cuando no comemos por largos periodos o hemos realizado un ayuno prolongado, el cerebro se siente agobiado e incómodo y busca revertir de inmediato ese sentimiento al precio que sea. Estudios de resonancia magnética indican que en estos estados se presenta una gran actividad de una parte del cerebro que se llama sistema límbico, en especial las neuronas del giro del cíngulo y el área tegmental ventral, zonas relacionadas con las motivaciones e interpretación de la actividad social y el dolor, por lo que las personas con grandes problemas de salud, emocionales o en situaciones de estrés social prolongado quieren que las acepten los demás, necesitan voces amigables y requieren sentirse abrazadas y protegidas por los demás.

Mucho miedo y preocupación da como resultado que las redes neuronales en situación de estrés hagan que los problemas nos abrumen y nos obsesionen mucho más. Procrastinamos con mayor facilidad, incluso las personas emotivas lo hacen con mayor frecuencia, es más fácil perder la disciplina, los objetivos se atenúan en su cumplimiento y los detalles pierden importancia. Poner énfasis en la pérdida de atención o alejarse del perfeccionamiento, crea otro problema estresante, lo cual genera molestia y autodenigración o lesión de la autoestima, en suma, todo parece empeorar.

¿Qué puede ayudar al cerebro en tiempos difíciles? Lo recomendable es otorgar valor a lo mejor que tenemos: ¿contamos con salud? ¿Tenemos nuevas oportunidades? ¿Tenemos un grupo de apoyo incondicional? Esto ayuda al cerebro a liberar dopamina, la base de la motivación. Pensar en el contenido de nuestros pensamientos ayuda a tranquilizarnos.

En ese mismo orden de ideas, si otorgamos de manera adecuada la importancia y jerarquía a cada problema, se ayuda a no responder a todo inmediatamente, pues no todos los inconvenientes son iguales, tienen la subjetividad y el análisis de la contradicción humana. Esperar y no desesperarse ayuda a tomar mejores decisiones. Conceder orden es fundamental para disminuir los detonantes de la ansiedad y el miedo, este análisis procesa gradualmente una reducción de los niveles de cortisol.

Poner reglas y límites ayuda a tomar el control de las riendas. Para mejorar la memoria e incrementar la autoestima puede ser fundamental aprender dos o tres cosas al mes, esto otorga más conexiones neuronales en el hipocampo y la corteza prefrontal. Por supuesto, si se hace ejercicio físico el estado neuroquímico motiva a cumplir objetivos, garantiza con ellos más endorfina y dopamina.

Enséñale a tu cerebro quién manda

1) El peor momento para indicarle a alguien que algo está mal es durante el problema. Se puede empezar por indicar qué es lo real y verdaderamente importante para cada persona; es esencial otorgar mayor importancia a la persona, no a los resultados.

2) Tienes un cerebro con 4 000 años de evolución, el mejor cerebro con más conexiones neuronales de todas las especies, el que nunca deja de producir nuevas neuronas, el que ha resuelto muchos problemas, recuerda: ningún problema puede ser más grande que lo que tu cerebro ha resuelto hasta hoy.

3) Enséñate con límites sanos, sana disciplina y compromiso a terminar lo que empezaste. Otórgale a tu corteza prefrontal orden y control para regresar a cumplir objetivos, a disfrutar gradualmente de tus avances, esto ayuda a mejorar la toma de decisiones.

EL CHISME: TERGIVERSAR LA REALIDAD

El chisme es una maliciosa forma de modificar los hechos, mentiras mezcladas con verdades que buscan ventajas o destrucción; el chisme tergiversa la realidad para generar interés, morbo y placer en algunas personas. En ocasiones ofrece ganancias secundarias, llega a cumplir funciones sociales, incluso fisiológicas, importantes. El chismoso gana notoriedad y esto le da una sensación de poder. En la gran mayoría de los casos el chisme tiene elementos oscuros, negativos, pero también puede tener aspectos positivos (incrementar la motivación, aumentar la atención a cierto tipo de información, modificar conductas o cambiar objetivos, en ocasiones para proteger personas). Tiene la capacidad de sobreactivar áreas neuronales de organización de conductas positivas y negativas, su naturaleza comúnmente de exageración, molestia, sobreinterpretación e inflexibilidad social, consciente o inconscientemente promueve la preocupación, tensión o angustia para la persona afectada, en tanto que a otros les produce morbo y placer.

El chisme se genera en el cerebro por actividad de grupos relacionados con la memoria, el placer y las decisiones, ya sea por un proceso aprendido en ciertas etapas de la vida o como actividad de la cual se puede sacar ventajas. El cerebro tiene una gran capacidad de mentir, esto lo lleva a ideas obsesivas y repetitivas. Para hacer un chisme, el cerebro en sus regiones más evolucionadas utiliza información que evalúa sobre los demás para mejorar, promover y protegerse. Pueden existir chismes positivos o chismes negativos; los chismes positivos por lo regular están relacionados con un mayor valor de superación y características personales. En tanto que los chismes negativos otorgan un mayor valor de autoprotección, dañando la reputación de los demás y ejerciendo daño moral con características difamatorias.

Las víctimas de una situación de difamación o inventos pueden llegar a tener un alto nivel de ansiedad que difícilmente pueden controlar a corto plazo y que progresivamente se contagia a las personas más vulnerables o con menor desarrollo de control emocional. El cerebro comienza a generar emociones negativas que disminuyen el análisis lógico de las circunstancias, generando un círculo vicioso terrible: las respuestas son cada vez menos pensadas y más emotivas.

El chisme, en la víctima, disminuye su autoestima, favorece la conducta de indefensión aprendida, promueve la sensación de debilidad, hace que aparezcan dolores sin explicación, nerviosismo, falta de aire; con el chisme se presenta la sensación de percibirse inmovilizado, es el motor psicológico de grandes discusiones ante detonantes pequeños y el amplificador de las dificultades y la obstinación.

El chisme tiene un comportamiento social generalizado, parece estar relacionado con funciones sociales, como establecer:

1) reglas grupales
2) castigo a intrusos
3) influencia social a través de sistemas de reputación
4) desarrollo, fortaleza o destrucción de los lazos sociales

Un chisme malintencionado genera cambios en el cuerpo, en el movimiento respiratorio, incrementa la velocidad de la actividad cardiaca y la conductividad cutánea, reflejada en la hiperactividad de las glándulas sudoríparas. Esto es, la liberación de adrenalina, dopamina y vasopresina.

Investigaciones recientes indican que el chisme en el cerebro cuando más avanzado está y más elementos tiene, puede generar mediadores hormonales; entre más chisme, mayor respuesta de oxitocina disminuyendo gradualmente los niveles de cortisol, por lo que el chisme tiene datos de adhesión social y una regulación negativa para la ansiedad.

Los niveles de dopamina inducen la sensación de placer en el generador de la mentira; en contraste, el sujeto que se entera del chisme puede sentir una gran desgracia o vulnerabilidad. El inicio de un chisme predispone a titubeos, tartamudeos y movimientos embarazosos, como rascarse la nariz o rehuir la mirada del interlocutor; aunque no lo experimentan todos, 70% de los chismosos sí genera cambios en su conducta.

La edad depende para atajar las mentiras y sentir vergüenza, es conocido que el cerebro arriba de los 50 años suele soportar mucho mejor la serie de vituperios de una red social o difamaciones en su contra, respecto a personas menores de 25 años. El cerebro se activa en forma importante por un solo chisme: zonas del lóbulo frontal lateral incrementan su función. La amígdala cerebral detona emociones y en el giro del cíngulo se interpreta el lenguaje corporal externo. Las neuronas corticales buscan encontrar lógica y congruencia en el tiempo y espacio, los detalles son pensados, tratan de contrastarse. Lo ilógico se minimiza y se trata de utilizar los rasgos a favor de la historia que se cuenta. Se pueden activar zonas de dolor, como la ínsula y la zona periaqueductal.

Lo que conlleva a una dicotomía terrible: enterrarnos en el sufrimiento de la mentira por una acusación indebida que puede generar tristeza y dolor, o en una búsqueda incesante de placer inmediato a cualquier precio.

Las emociones inmediatas de una víctima ante un chisme son:

1) *Enojo:* por limitar decisiones. Que nos limiten, nos contradigan en nuestra verdad, nos digan que no tenemos la razón, le genera al cerebro una liberación de adrenalina, acetilcolina y vasopresina, lo que gradualmente reduce objetividad y análisis, en paralelo lo obsesiona por demostrar e imponer su punto de vista.

2) *Tristeza:* cuando varias personas —o en un entorno social— nos despersonalizan, ofenden o nos llevan a la sensación de aislarnos, se detona melancolía y angustia. No tener certidumbre nos hace más vulnerables a las ofensas. En el caso de que aparezca el llanto, el proceso se limita de 10 a 12 minutos, de tal manera que las redes neuronales disminuyen el funcionamiento, es por esto que después de llorar se incrementa la sensación de cansancio.

3) *Sorpresa:* por lo extraño e imprevisto de los hechos, el cerebro primero trata de entender la circunstancia y mientras la sorpresa muta para convertirse en emociones negativas. Cuando el cerebro aprende un ambiente nocivo, en forma crónica la sorpresa irá disminuyendo. A veces nos damos cuenta de que las personas que más queremos son las que más nos pueden sorprender por su conducta, para bien o para mal.

4) *Miedo:* ante la pérdida y sus consecuencias, ante las amenazas, ante la objetividad equivocada de un problema, el miedo comparte muchas redes neuronales con el enojo, en especial en el cambio de la objetividad y las redes neuronales de la toma de decisiones. Ambos generan una conducta obsesiva e intransigente, este proceso dura de 35 a 40 minutos, después, gradualmente la inteligencia reaparece. Por lo descrito, un chisme puede cambiar el flujo de sangre en el cerebro y combinar varias emociones, organiza conductas que obsesionan a la gran mayoría y se encuentra atrás de muchos de los factores cotidianos que la vida nos pone.

El cerebro humano tiene un periodo crítico en el cual aprende a ser chismoso. Es el tiempo de conectividad de las áreas cerebrales relacionadas con la memoria, la atención, el placer y la conducta. La madurez cerebral es el principal contrapeso para el chisme. La conducta humana tiene bases biológicas (el cerebro y la respuesta de nuestro cuerpo a las hormonas), psicológicas (el aprendizaje fundamental ocurrido en un periodo crítico de conexiones neuronales entre los siete y los 14 años) y sociales (el entorno y los apegos del tejido social). Las tres influyen directamente en la forma como nos desarrollamos y adaptamos para aprender lo correcto y lo incorrecto, lo cual repetiremos en la edad adulta. Lo que empeora, potencia y disminuye la probabilidad de arreglar las circunstancias es que cuando el cerebro humano no controla en forma inmediata los hechos, o no está enterado de las circunstancias o las consecuencias futuras, no logrará entender el acto y la consecuencia inmediata será sentirse vulnerable.

Varias condiciones pueden incrementar las conductas negativas que un chisme puede generar, por ejemplo, es conocido que tener hambre, bajo nivel escolar, estar cansado, vivir en un ambiente donde es muy común la frustración social, las mentiras y engaños, genera que una población comience a tomar riesgos, crea en hechos inverosímiles y los propague, además de generar ambientes tolerantes a las amenazas.

La mayoría de los seres humanos subestimamos un chisme. No somos la única especie que engaña, pero sí la que busca hacerlo con ventajas sociales, económicas y, por supuesto, biológicas. Comúnmente solemos confiar en mentiras aun sabiendo que no deberíamos hacerlo, porque de la misma manera somos una especie con rasgos cognitivos, es decir, pensamos que podríamos tener algunas ventajas.

Las redes sociales generan, provocan y esparcen chismes a gran escala. El principal objetivo del chisme en estas plataformas es sobre la reputación de una o varias personas o marcas, las redes moderan la influencia social del personaje o la aceptación —o no— de productos o cambios según el apego a diversas marcas.

Un chisme tiene también un efecto secundario: hablar más de la persona o del producto: el chisme genera omnipresencia, es decir, pone de moda a la persona. Escuchar información sobre otros cumple funciones sociales importantes, como aprender sin interacción o por observación directa. A pesar de las importantes funciones sociales, el chisme tiene una reputación bastante negativa.

Atrás de un chisme hay al menos tres actores involucrados: el que ataca o inventa, la víctima y los espectadores. Es común ver que un chisme busca:

1) validar información
2) recopilación de objetividad
3) construcción de relaciones
4) protección
5) disfrute social
6) influencia negativa

Las personalidades narcisistas son las más chismosas, pero en especial en el ambiente social hay más nodos de distorsión con un gran poder de manipulación. Un aspecto social en el campo de las neurociencias indica que a un chisme repetido constantemente se le brinda mayor veracidad, en otras palabras, un chisme repetido se hace más creíble.

Diversos estudios muestran que el cerebro humano no puede evitar prejuicios y conclusiones precipitadas, por lo que suele ajustar la realidad a sus propias expectativas. Estas trampas del razonamiento las cometen las personas expertas e inexpertas, sólo que las primeras suelen aprender más rápido de sus decisiones. El conocimiento y la experiencia nos alejan de los matices; ante situaciones o condiciones difíciles, es necesario disponer de la mayor información posible para enfocar un análisis objetivo y decidir a partir de la atención a varios factores involucrados.

Difícilmente cambiamos nuestra manera de pensar. La gran mayoría de las veces nuestro cerebro está deliberando entre lo correcto o incorrecto, lo prudente o lo imprudente, lo que quiero y lo que debo, o bien, lo apropiado o lo inapropiado. Son nuestros recuerdos los que dirigen nuestra atención sin darnos cuenta. Creemos conocer siempre los motivos de nuestras acciones. En realidad, el cerebro inventa justificaciones acordes para explicar conductas. Cuando tenemos incertidumbre, el cerebro humano suele utilizar razonamientos inductivos, es decir, utiliza principios generales y empíricos de lo que se observa y hace generalizaciones.

¿Cómo le podemos ganar al chisme? ¿Cómo ayudar al cerebro?

Enséñale a tu cerebro quién manda

1) Ante una mentira o chisme a tu persona, procurar no enojarte. Entender que algunos golpes de la vida son inevitables, esto ayuda a orientar y darle sentido positivo a muchos de los caminos que elegimos por nuestro libre albedrío. No siempre se obtiene el resultado esperado, pero podemos proyectar nuevamente objetivos futuros y buscar con esto una mejor experiencia. Si ya te enojaste procura adaptarte rápido a las circunstancias. Hay que hacer las preguntas correctas y evitar preguntas sin respuestas.

2) Analiza el contenido de tus pensamientos. Obliga a la actividad prefrontal, primero como estrategia y después como rutina de nuestra personalidad. Utiliza adecuadamente el tiempo y la calidad de información de las redes sociales. Un factor importante en contra de un chisme es tener varias opciones de información, tenemos que fortalecer siempre la autoestima ante el problema.

3) La perfección no existe en la conducta humana. La incertidumbre nos hace intolerantes, reduce los argumentos. Si se trata de tomar una decisión ante un chisme, es mejor esperar de 24 a 48 horas para que la emoción no sea el marco de una decisión precipitada y, sobre todo, para evitar que la incertidumbre genere sesgos de los cuales nos arrepentiremos. Procurar empatía aumenta la oxitocina. Además, no lo olvides: amigos reales, familiares realmente cercanos o colegas inteligentes o con experiencia son los que dan los consejos más valiosos. La experiencia es uno de los mejores antídotos ante la mentira.

_____

EL HAMBRE, EL AYUNO
Y LA COMIDA CHATARRA

El ser humano es la única especie que puede comer sin hambre, las neuronas son más felices con niveles de glucosa altos y se acostumbran a la abundancia. Esto a corto plazo no genera ningún problema, pero el exceso, atracones de comida por tiempo prolongado, puede generar lesiones neuronales y desencadenar enfermedades metabólicas.

Tener hambre y experimentar saciedad representa el trabajo conjunto y armónico entre el sistema nervioso central, las hormonas y el sistema digestivo. Tener ganas de comer es simplemente una consecuencia de la actividad de redes neuronales que se encuentran en el hipotálamo, moduladas por hormonas que liberó el estómago y el intestino delgado.

El cerebro está detectando minuciosamente la concentración de glucosa en nuestra sangre; en paralelo, el estómago empieza a liberar la hormona grelina, que al activar neuronas genera sensación de hambre, este evento puede iniciarse una hora antes de sentir los primeros signos de querer comer algo. Al comer, el páncreas favorece la liberación de insulina, hormona que permite el ingreso de la glucosa a las células del cuerpo, en especial al hígado, músculos y tejido adiposo.

Después de comer, el tejido adiposo incrementa la liberación de la hormona leptina, la cual viaja también al hipotálamo, pero de manera contraria, disminuye el hambre, es decir, es responsable de la saciedad. Al realizar nuestras actividades cotidianas utilizamos la glucosa que hemos comido, como consecuencia, disminuye la leptina y vuelve a incrementarse la grelina para iniciar el ciclo nuevamente. De esta manera, uno de los factores iniciales de la obesidad es que la liberación de leptina puede ser muy baja o inexistente.

Un elemento importante es la calidad de los alimentos, pues contribuyen a calmar o favorecer el hambre; comer proteínas puede disminuir la sensación de hambre hasta cinco horas después de tomar los alimentos, lo que los carbohidratos no hacen. Por eso, entre más se consumen harinas, almidones, refrescos o dulces con los que se busca calmar el apetito, el hambre no se quita.

A nivel del hígado, las proteínas que comemos diario activan receptores para que los niveles de glucosa no disminuyan tan rápido, esta señal la detecta el cerebro y la cambia por una percepción de tener otra vez hambre. En un proceso circádico normal, si estamos despiertos tenemos hambre cada cuatro o cinco horas. Cada vez que comemos carbohidratos, el cerebro los premia con un incremento en la liberación de dopamina, por lo que la comida alta en carbohidratos genera demasiado placer y adicción. Ésta es una segunda razón por la cual podemos subir de peso, comer más carbohidratos por las sensaciones de placer, para mitigar miedos, ansiedad o disminuir la sensación de angustia.

Otro factor importante implícito en la generación de la obesidad y tener mucha hambre es que hay otras hormonas implícitas en el proceso de generar apetito, estas hormonas son las orexinas, también llamadas hipocretinas. Estas hormonas tienen una regulación respecto al sueño reparador, si una persona duerme adecuadamente, los niveles de orexinas son bajos, sin embargo, si una persona no duerme, trasnocha o tiene insomnio, al día siguiente sus niveles de orexinas serán altos, generando un hambre espectacular que no se calma, picará comida todo el día o buscará comer muchos carbohidratos o comida chatarra, el resultado de no dormir bien es ganar peso, incluso llegar a la obesidad.

Datos clínicos recientes indican que el ayuno matutino puede ayudar y beneficiar procesos de regeneración neuronal. El ayuno hace más eficiente el metabolismo, disminuye la probabilidad de demencia y favorece efectos antidepresivos. Hacer ayuno de manera temporal o esporádica puede reorganizar el metabolismo cerebral disminuyendo la producción de citocinas y marcadores inflamatorios.

Las neuronas en ayuno disminuyen la ingesta y presencia de varios aminoácidos importantes, como son el triptófano y la tirosina, precursores de la síntesis de serotonina, dopamina, adrenalina y noradrenalina. En estas condiciones, las neuronas también funcionan como transportadores para que con los pocos neurotransmisores que se tengan se trabaje adecuadamente, este cambio molecular hace más eficiente la neurotransmisión de la serotonina y la dopamina.

Esto explica parcialmente por qué un ayuno puede mejorar el estado de ánimo. Ciertas culturas y religiones apoyan el proceso del ayuno como práctica para "purificar el alma", en realidad lo que se hace es cambiar el metabolismo neuronal favoreciendo una mejor actitud ante los problemas. Cuando el ayuno es crónico, varios núcleos cerebrales también se modifican su actividad neuronal y con ello cambian algunas conductas en el ser humano; debido a que el cerebro se reorganiza para soportar un déficit de calorías, el hipocampo hace más selectiva su memoria, el hipotálamo cambia la regulación de ingesta de alimentos y la temperatura corporal. Con el propósito de hacer más eficiente la actividad física, los ganglios basales generan movimientos con mejor control para evitar el gasto ineficiente de energía, finalmente, a nivel del tallo cerebral, los centros reguladores de la circulación sanguínea y del tubo digestivo trabajan de manera más organizada.

A pesar de que los niveles de grelina pueden estar elevados y generar hambre, tensión o enojo por querer comer, la actividad del nervio vago hace que la frecuencia cardiaca disminuya, de esta manera cede el consumo de energía del corazón y del intestino; se reduce la reacción inflamatoria y la reproducción de algunas células. En otras palabras, el ayuno esporádico puede incrementar la capacidad de resistencia ante el estrés o ante condiciones de desgaste físico.

A nivel celular, las neuronas incrementan su arborización en regiones relacionadas con la toma de decisiones y la memoria (el cambio energético incrementa significativamente la proteína que permite mayor división neuronal y, a su vez, una mayor capacidad de contacto sináptico, factor de crecimiento neuronal derivado del cerebro, BDNF, por sus siglas en inglés), a nivel cardiovascular, pulmonar, muscular y en la piel, las células incrementan la producción de enzimas que capturan radicales libres de oxígeno y reparan con mayor eficiencia lesiones o mutaciones en el ADN (un factor complementario es el incremento en la producción del mitocondrial, un organelo intracelular que adecua la producción de energía en la célula, más mitocondrias pueden significar una mayor eficiencia celular).

Debido a que los niveles de glucosa disminuyen significativamente en el ayuno, el metabolismo gasta la grasa almacenada en el tejido adiposo, produciendo cuerpos cetónicos utilizados como energía; además de que éste es el principal factor para bajar de peso, se ha identificado que el incremento de cuerpos cetónicos disminuye la expresión de la proteína beta-amiloide y la proteína tau, las cuales están involucradas directamente con el Alzheimer. El ayuno esporádico puede mejorar el tratamiento para algunas enfermedades como pueden ser hipertensión, síndrome reumático y dolor crónico.

Por otra parte, tener una dieta abundante en carbohidratos y grasa le permite al cerebro liberar mucha dopamina (con una importante disminución del receptor D2), asociado con el incremento de endorfinas (activando masivamente los receptores mu), generando placer en extremo y ganas de comer sin límites por mucho tiempo, incluso esto llega a generar un proceso adictivo compulsivo que además de llevarnos a la obesidad tiene grandes efectos negativos a nivel cerebral.

La comida chatarra ingerida durante mucho tiempo genera cambios conductuales muy importantes: disminuye la percepción de riesgos, ocasiona resistencia al cambio y negación de los efectos nocivos como consecuencia de comer inadecuadamente.

El cerebro de las personas obesas presenta un menor volumen (también es menor el número de neuronas y la cantidad de mielina) respecto a las personas de su misma edad sin sobrepeso. Estudios con resonancia magnética muestran claramente que las personas obesas tienen un cerebro en promedio entre 10 y 15 años mayor a su edad biológica. Los núcleos cerebrales que se afectan más son el lóbulo frontal, el giro del cíngulo, el tálamo y el hipocampo: modifican la toma de decisiones, los procesos de atención e interpretación, y el sustrato neurofisiológico de la cognición.

La adicción a la comida chatarra está relacionada con una disminución en el metabolismo neuronal pero asociado a la pérdida de tejido cerebral y un incremento en la probabilidad de padecer demencia senil. El cerebro adicto a la comida chatarra siempre antepone su recompensa inmediata sobre las consecuencias a largo plazo, por eso en 95% de los casos eliminar la adicción tiene como consecuencia frustración y enojo. El proceso para bajar de peso se asemeja mucho al tratamiento de una adicción, debe ser gradual, bajo protocolo y supervisado por profesionales.

Evidencias a través de resonancias magnéticas identifican que la ingesta crónica de pizzas o hamburguesas es capaz de aumentar el placer y sentimientos agradables de forma significativa respecto a comidas que pueden tener el mismo contenido de calorías. Esto muestra claramente que el cerebro prefiere comer calorías vacías. De hecho, se han identificado los alimentos que más generan adicción: los seis primeros son de llamar la atención: hamburguesas, papas fritas, pollo frito, pizza, queso y tocino. Actualmente, el cerebro humano consume en promedio entre 500 y 700 kcal de más al día, lo cual puede ser el equivalente a dos rebanadas de pizza, una hamburguesa o una bolsa grande de papas fritas. El cambio de dieta por comida chatarra durante 30 días marca el inicio de daños neuronales y mengua en los procesos cognitivos, principalmente en etapas maduras y de envejecimiento. Lo importante es detectar y tratar de revertir los efectos indeseables, pues el cerebro tiene la plasticidad neuronal para proponer modificaciones y esto no sólo depende del cambio de dieta sino de transformaciones físicas y de actividad que debe desarrollar el individuo.

Enséñale a tu cerebro quién manda

1) Razonar el proceso a través del cual tenemos hambre y cómo se modula nos ayudará a entender cómo contribuir a la mejora de nuestra dieta y así evitar el sobrepeso. El ser humano después de los 35 años inicia una disminución en la velocidad de su metabolismo, por cambios hormonales y adaptaciones fisiológicas; ser conscientes de lo que podemos hacer en relación con nuestro peso influye directamente a corto plazo en la plasticidad neuronal.

2) Si la forma de comer se convierte en un problema debemos pedir ayuda a profesionales, evitar dietas nocivas y opiniones subjetivas; la búsqueda de resultados inmediatos no debe de obsesionarnos. El cerebro siempre querrá comer, tener placer, y si lo hace a través de la combinación de la calidad de los alimentos con la frecuencia que lo hacemos, difícilmente nos daremos cuenta de este hecho, hasta que tengamos arriba de 25% más de peso.

3) Prácticamente todos los órganos están relacionados con nuestro cerebro, de manera directa o indirecta. Nuestra alimentación afecta al cuerpo y a nuestro cerebro de manera positiva o negativa. Ayudar a nuestro cerebro a tomar decisiones, dormir y alimentarlo con calidad contribuye a un adecuado desempeño y función.

EL SÍNDROME DE FATIGA CRÓNICA

Miguel es un estupendo abogado cuya madre ha sido diagnosticada con depresión desde hace 10 años. Sus compañeros suelen presionarlo y burlarse de él en el trabajo (*mobbing*), pues realiza jornadas laborales extenuantes iniciadas a las seis de la mañana y a veces se mete a la cama hasta la una de la mañana para reiniciar actividades con pocas horas de sueño reparador. Aunado a esto, su jefe no le tolera errores, vive con una sensación constante de supervisión en los detalles y se siente abrumado. Los fines de semana le resulta imposible desconectarse de la oficina, contesta correos y atiende situaciones laborales que considera impostergables.

Miguel se considera extraordinariamente cumplido, pero desde hace cinco meses vive un juego psicológico muy estresante, a veces se siente muy importante y piensa que su experiencia siempre lo sacará adelante. Pero también tiene momentos en los que se siente terriblemente abrumado por el trabajo y considera que cualquiera podría hacer sus labores, se despersonaliza y su autoestima cae terriblemente. Si bien se esfuerza por estar impecable al inicio del día, en la tarde parece que un huracán pasó sobre él, luce desaliñado, con gran desorden en su escritorio y un triste aspecto físico.

Miguel presume de altos niveles de autosuficiencia y su familia lo apoya incondicionalmente, sin embargo, este proceso lo hace sentirse indispensable e incapaz de cometer errores. No se da cuenta de que en el último año ha tenido varios descuidos graves a pesar de haber puesto atención a los detalles, situación que derivó en críticas negativas de su jefe y el incremento en las burlas de algunos compañeros. En las noches trata de dormir y no puede, pero se queda dormido en el transporte público o en las videoconferencias, esenciales en su trabajo. Ha bajado de peso, no obstante que en ocasiones llega a realizar atracones de comida porque hay días que no desayuna o se saltó la comida, por eso en la cena su cerebro —con tanta hambre— suele perder el límite de la satisfacción y termina consumiendo grandes cantidades de comida.

A veces ya no puede con tantos descontroles, siente dolores en el cuerpo sin razón, tiene catarros que se limitan a sólo un día, pero sobre todo tiene la sensación de que algo malo le va a suceder. Circunstancialmente, un amigo le comentó que padecía el síndrome de fatiga crónica, lo cual lo dejó pensando.

El síndrome de fatiga crónica es un conjunto de signos (medibles por el médico: temperatura, cambio de peso o disminución de talla) y síntomas (lo que siente y dice el paciente: dolor, pérdida de apetito o sensación crónica de sueño) que se manifiestan durante mucho tiempo y suelen tener varios episodios agudos al año. Puede durar meses y hasta años si no se atiende.

La fatiga se caracteriza por la sensación de agotamiento precoz, intratable, persistente e inexplicable, acompañada de un sueño no restaurador que ocasiona dificultad para realizar cualquier actividad física o intelectual, y cambios en la memoria y la atención. Es común que este síndrome esté ligado a un desgaste profesional (mal remunerado) y emocional (poco valorado); también se ha asociado con niveles altos de estrés (problemas que no se pueden resolver en forma inmediata, preocupaciones, cambios de casa, terminar una relación, etcétera), sin embargo, se desconoce un origen específico o detonante único. El síndrome de fatiga crónica es un trastorno psiquiátrico en el que intervienen elementos biológicos, psicológicos y sociales. Es importante mencionar que este síndrome no es el que acompaña enfermedades crónico-degenerativas (como la diabetes mellitus o la hipertensión) o el cansancio que se tiene por un cáncer.

De acuerdo con su duración se puede clasificar de la siguiente manera: *fatiga aguda*, su duración es menor a una semana; *fatiga transitoria*, con una duración mayor a siete días y menor a un mes; *fatiga prolongada*, tiene una duración mayor a 30 días y menor a seis meses, y *fatiga crónica*, cuando sobrepasa los seis meses de duración.

La evolución del síndrome de fatiga crónica es muy variable, se pueden presentar periodos de mejoría espontánea seguidos de periodos de notable empeoramiento, estas oscilaciones a menudo obligan al paciente a reducir sustancialmente sus actividades físicas e intelectuales, incluso puede derivar en una condición invalidante.

¿Cuáles son los principales datos y síntomas de este síndrome? Deterioro sustancial de la memoria o la concentración a corto plazo, incremento en la sensación de inflamación y dolor de los nódulos linfáticos, dolores musculares y articulares sin hinchazón o inflamación, dolor de cabeza repetitivo, insomnio y alteraciones del sueño, sensación de debilidad y malestar general persistente después de realizar cualquier esfuerzo. Se puede presentar dolor al deglutir los alimentos, diarrea, sensación crónica de mareo y visión borrosa. Desde el punto de vista conductual hay una sensación de derrota psicológica ante los problemas.

Muchas personas pueden presentar síntomas de depresión, ansiedad, enojo constante, irritabilidad sin detonantes asociada a cambios en el peso corporal, alteración en hábitos alimenticios con una constante sensación de baja realización personal, distanciamiento de la familia y amigos que puede agravarse por ataques de pánico y sentimientos fatalistas, rendimiento escolar o laboral a la baja, sensación de ahogo que suele acompañarse de hormigueo en las extremidades y otras alteraciones en la sensibilidad de manos y piernas.

Para el diagnóstico se debe realizar un cuestionario exhaustivo y un examen físico completo en el que se incluya un análisis del estado mental. No existe ningún marcador diagnóstico específico que identifique al síndrome de fatiga crónica, las pruebas de laboratorio e imagen ayudan en el diagnóstico diferencial y también para descartar otras enfermedades.

Los síntomas deben presentarse por un periodo mínimo de seis meses de forma continua o recurrente, sin que exista un motivo específico de fatiga y sin que haya mejora con el reposo. Es común que a este síndrome no se le dé demasiada importancia médica por no presentar un empeoramiento progresivo que lleve a la invalidez funcional, como sucede en distrofias musculares o en enfermedades neurodegenerativas.

Existen otras patologías que comparten algunos de estos síntomas, lo que puede ocasionar confusión y retraso en el diagnóstico, por ejemplo: fibromialgia, encefalomielitis miálgica, neurastenia, alta sensibilidad a sustancias químicas, mononucleosis crónica, hipotiroidismo, apnea del sueño y narcolepsia; también perturbaciones depresivas graves, trastornos bipolares, esquizofrenia, trastornos del apetito, cáncer, enfermedades autoinmunes, trastornos hormonales, infecciones como VIH, incluso obesidad.

A la larga, el síndrome de fatiga crónica puede llevar a padecer problemas cardiacos, también empeora la manifestación y el tratamiento de la diabetes o la hipertensión.

Resulta terrible que hoy en día no se cuenta con ningún tratamiento farmacológico para su manejo específico o para modificar su curso. Las opciones terapéuticas se ocupan del manejo de los síntomas, de reducir los niveles de fatiga y el grado de dolor cuando éste es el principal marcador. Los medicamentos conocidos como nootrópicos (los cuales incrementan algunas actividades neuronales sin tener grandes cambios o efectos adversos), ya sea naturales o farmacológicos, pueden ayudar a elevar los niveles de concentración y memoria. Pero no hay medicamento específico para el tratamiento de este síndrome.

Sin duda uno de los mejores tratamientos es la psicoterapia, pues permite mejorar el grado de adaptación y la calidad de vida. Es vital realizar estrategias de enfrentamiento a los problemas y tener apoyo familiar.

Es importante que los médicos le expliquen al paciente lo que le sucede, pues la mayoría señalan que su enfermedad les ocasiona incapacidad para cumplir con responsabilidades familiares, sociales y laborales; al mismo tiempo existe en ellos una disociación entre una apariencia física saludable y un estado de fatiga constante, lo que repercute de manera negativa en su entorno.

Enséñale a tu cerebro quién manda

1) En algunos casos la fatiga intensa no tiene causa conocida, pero es permanente y limita la capacidad racional de la persona. Este cansancio para realizar actividades físicas o intelectuales no se pierde después de un descanso. Comúnmente este síndrome se presenta en la etapa productiva que va desde los 30 hasta los 55 años.

2) El síndrome de fatiga crónica va acompañado de un desgaste físico y emocional muy fuerte, es muy común que se presente en personas con alto desempeño y puestos de responsabilidad. A veces aparecen datos clínicos de enfermedades respiratorias (dificultad respiratoria), digestivas (gastritis, úlcera y colitis), incluso parálisis faciales, que a la gran mayoría de los médicos no les permite ver lo que está detrás del problema.

3) Un buen diagnóstico genera un buen tratamiento. Es fundamental trabajar en la autoestima. Controlar y afrontar el estrés. Es indispensable planificar las actividades, hacer ejercicio y procurar dormir adecuadamente. Pero sobre todo ser conscientes de que este síndrome puede atraparnos en la vida sin que realmente seamos conscientes de ello.

ADICCIONES A DROGAS

Parte de la esencia biológica del cerebro humano es la búsqueda de motivación para sentirse feliz. Las neuronas usan las drogas para llegar más rápido a la felicidad, para fabricar sentimientos de tranquilidad o bien para ocultar la tristeza o desavenencias de manera ficticia. El cerebro olvida más rápido si se ingieren drogas, disminuye la atención y también la interpretación de la realidad.

En general, las drogas cambian el ambiente neuroquímico para motivar a una persona a sentirse contenta y llena de placer, con ello generan la adicción, es decir, la necesidad de realizar este proceso en forma permanente. Uno de los principales aspectos farmacológicos de esta situación es que el cerebro va atenuando el efecto de las drogas (tolerancia) y al mismo tiempo el deseo se hace más intenso, por eso se busca una dosis mayor o hacer más frecuente el consumo para alcanzar el mismo efecto del inicio. Sin la droga el cerebro no puede realizar sus actividades cotidianas (por la dependencia). Si aparecen la tolerancia y la dependencia, entonces un individuo puede generar un síndrome de abstinencia ante la suspensión abrupta de la administración de la droga.

Algunas sustancias o fármacos pueden activar las redes neuronales del placer: los carbohidratos, el picante, el café o el tabaco. Existen drogas ilegales que cambian el proceso del placer de forma inmediata y exorbitante, lo cual hace que el cerebro se vuelva adicto y genere una serie de conductas negativas para obtener cada vez más rápido la droga y su consumo sea con menos culpa. Factores como un cerebro inmaduro (adolescente), la presión social o el poder adictivo de la droga son fundamentales para caer en el infierno de la adicción.

Un neurotransmisor es una sustancia con la que se comunican las neuronas. Existen algunos denominados excitadores, que incrementan la actividad neuronal (glutamato, dopamina, adrenalina, acetilcolina), otros inhibidores o neurotransmisores que reducen la acción de las neuronas (GABA, endorfinas, glicina, endocannabinoides, etcétera), las drogas reconocen los receptores de estos neurotransmisores y, en consecuencia, cambian la actividad del cerebro. Al incrementarse la dosis las consecuencias son inmediatas y a corto plazo: más motivación, menos sueño y generación de placer o transformación de la realidad; en contraste, hay drogas o fármacos que favorecen la relajación muscular y psicológica o quitan la ansiedad. Por lo tanto, existen drogas motivantes y que ponen eufórico al cerebro, como la cocaína, que incrementa los niveles de dopamina; otras quitan el dolor y aumentan el placer a través de un incremento de endorfinas, como la heroína; mientras que otras disminuyen sensaciones negativas, como la mariguana: fumarla deteriora la función de neuronas que llevan impulsos visuales, sin que el consumidor sea consciente de ello (cambiando el sistema neurotransmisor de la anandamida); algunas más disminuyen la actividad neuronal al inducir sueño y relajan psicológicamente, como el alcohol, ya que incrementan la función inhibitoria del GABA. De esta manera, el cerebro modifica funciones de atención, conducta y movilidad. El cerebro con drogas disminuye sus filtros sociales, se tranquiliza y en tiempos cortos se siente feliz, pero si la droga no existe o tarda en consumirse, la conducta puede transformarse generando agresión y violencia al requerirse nuevamente y con una sensación de urgencia.

Las drogas cambian las señales neuronales, desde la membrana hasta algunos genes situados en el núcleo celular. Ante la presencia de una droga, las neuronas disminuyen gradualmente el número de sus receptores; como en un baile donde hay muchos varones y pocas mujeres: ellas se esconden para elegir mejor. De esta manera, un mecanismo de las neuronas para defenderse ante la droga es esconder sus receptores para varios neurotransmisores, lo que a su vez va cambiando las respuestas fisiológicas o la manera en que se activan, por eso cada vez se necesita de más y más fármaco para alcanzar los efectos deseados. El núcleo de la neurona responde cambiando señales para, a su vez, modificar la manera de obtener energía o lamentablemente llevarla al colapso que puede matar a la neurona.

No todo el cerebro es vulnerable de la misma forma con las drogas. El hipocampo (el sitio de la memoria y el aprendizaje) y la corteza prefrontal (la región de la toma de decisiones y la más inteligente del cerebro) son los sitios más afectados por las drogas. Por ello la memoria, la atención y los juicios se afectan gradualmente ante la conducta adictiva. Las drogas se metabolizan dentro de las neuronas, o en su defecto, también el hígado y el riñón ayudan a que desparezcan de la sangre; sin embargo, puede ser tanta la concentración que alcancen estas sustancias dentro del cerebro que terminen por saturar a las neuronas, ocasionando una disfunción de la actividad cerebral.

Drogas como el alcohol, el LSD, la mariguana o el peyote pueden hacer que una persona olvide lo que hizo o no recuerde qué ocurrió en las últimas seis a ocho horas. Las drogas que incrementan la función inhibitoria del cerebro favorecen la aparición de episodios de olvido o amnesia. Esto puede suceder incluso meses después de consumir LSD. Combinarlas favorece este evento negativo y aletargante, como lo describe la película *¿Qué pasó ayer?* El cerebro no registra, no memoriza o no pone atención. Las neuronas no atienden la realidad y generan angustia después del proceso.

No hay medida segura de las drogas. Algunas con un solo consumo generan cambios irreversibles en el cerebro, como la cocaína. Otras pueden dejar en el viaje irreversible a una persona, como los hongos o el peyote. Un problema delicado es pensar que "nunca nos va a suceder". Por ejemplo, el alcohol, si bien da placer en bajas concentraciones, gradualmente genera letargo y disminución de la actividad neuronal, es un mito que ayuda a funciones sexuales, al contrario, pues se hace lento y torpe el organismo, directamente proporcional a la ingesta de alcohol. La mariguana induce "el monchis", nombre que se la ha dado al incremento del apetito después de consumirla, lo cual puede generar ansiedad ante la necesidad de comer.

Algunas drogas pueden tener uso medicinal, como la mariguana, con efectos benéficos, como tener propiedades antiepilépticas, modulador del dolor y regulador de la actividad inmunológica. Además tiene magníficas propiedades en contra del glaucoma (incremento de la presión intraocular). Sin embargo, su uso debe ser valorado por médicos en forma individual. El alcohol ayuda a calmar la ansiedad y generar sueño, pero este efecto cambia de una a otra persona y su poder adictivo no lo hace una primera elección para el manejo de problemas. Los derivados de la heroína se utilizan en el campo médico para el manejo del dolor crónico, como en el cáncer, el problema es que conllevan una fuerte adicción en los pacientes y es difícil retirarlos cuando el dolor ha cedido.

Nos atrae la facilidad con la que las drogas nos relajan y su gran capacidad para transmitirnos placer, activando redes neuronales denominadas sistemas de recompensa, favoreciendo una conducta de tranquilidad, euforia y despreocupación. La realidad se percibe distinta, por ello temporalmente se olvidan los problemas. Pueden incrementar la creatividad y modificar la sensibilidad. El cerebro siente aceptación social y al mismo tiempo el dolor moral y el dolor físico se atenúan. ¿Por qué son las drogas tan adictivas? ¿Cuáles son? ¿Cómo las puedo entender? A continuación, un breve resumen para tratar de responder estas interrogantes.

Mariguana

- *Principio activo:* cannabis o delta 4.9 tetrahidro cannabinoide o THC.
- *Efecto:* activa el sistema de la anandamida, el cual se relaciona con la memoria, el estado de ánimo, el sistema inmune, dolor, sueño, hambre y percepciones visuales y auditivas.
- *Anatomía:* modula diversas regiones del cerebro y modifica su actividad: corteza prefrontal, hipocampo, ganglios basales y cerebelo.
- *Neuroquímica:* activa receptores CB 1 y 2 e incrementa la actividad inhibitoria cerebral.

Cocaína

- *Principio activo:* benzoil metil ecgonina.
- *Efecto:* libera neurotransmisores activadores (adrenalina, dopamina y serotonina), además de disminuir la recaptura neuronal de dopamina, generando sensaciones placenteras. Activación del sistema cardiovascular y respiratorio.
- *Anatomía:* activa el sistema límbico (amígdala cerebral, hipocampo, área tegmental ventral y ganglios basales) y disminuye la función de la corteza prefrontal.
- *Neuroquímica:* incrementa la liberación de adrenalina y dopamina. Disminuye el dolor y genera felicidad, euforia. Alto poder adictivo.

Anfetaminas

- *Principio activo:* dexedrina, benzedrina o aminas simpaticomiméticas (activan el sistema nervioso simpático, esto es, impulsan las conductas de lucha y huida.
- *Efecto:* liberan neurotransmisores activadores (adrenalina, dopamina y serotonina) entre las neuronas. Activación del sistema cardiovascular y respiratorio. Disminuyen poderosamente el apetito.
- *Anatomía:* cambian la sensibilidad táctil, visual, creativa y auditiva.
- *Neuroquímica:* activadores del cerebro, disminuyen la fatiga, reducen el dolor y generan felicidad. Alto poder adictivo.

LSD

- *Principio activo:* dietilamida de ácido lisérgico.
- *Efecto:* estimulante e inductor de alucinaciones o psicodelia. Asociado a procesos místicos. Estimulante neuronal.
- *Anatomía:* activa el sistema límbico, giro del cíngulo y corteza cerebral.
- *Neuroquímica:* incrementa la liberación de serotonina. Mediano poder adictivo. Potente inductor de *flashbacks*.

Éxtasis

- *Principio activo:* MDMA es semejante a una anfetamina.
- *Efecto:* libera neurotransmisores activadores (adrenalina, dopamina y serotonina). Altamente tóxico, destruye neuronas que liberan serotonina.
- *Anatomía:* activa el sistema límbico y disminuye la función de la corteza prefrontal.
- *Neuroquímica:* incrementa la liberación de adrenalina y dopamina. Disminuye el dolor y genera felicidad y euforia. Mediano poder adictivo.

Alcohol

- *Principio activo:* etanol.
- *Efecto:* libera dopamina y en altas concentraciones se comporta como inhibidor neuronal, ya que favorece la función del GABA. Disminuye la memoria. Es un

inhibidor cardiovascular y respiratorio; inductor de sueño y quita la ansiedad.

- *Anatomía:* en dosis pequeñas genera euforia, pero en grandes dosis inhibe la función de la corteza prefrontal y el hipocampo.
- *Neuroquímica:* incrementa la liberación de dopamina. Disminuye el dolor. Mediano poder adictivo.

Antidepresivos

- *Principio activo:* varias familias de fármacos: tricíclicos, fluoxetina.
- *Efecto:* disminuyen la recaptura de serotonina, dopamina y adrenalina, incrementando la función de estos neurotransmisores.
- *Anatomía:* activa la corteza cerebral. Incrementa la activación conductual y disminuye la depresión. Disminuyen ideas suicidas y fobias.
- *Neuroquímica:* incrementa la liberación de adrenalina y dopamina. Disminuye el dolor. Bajo poder adictivo.

Tabaco

- *Principio activo:* nicotina.
- *Efecto:* libera neurotransmisores activadores (adrenalina y dopamina) generando sensaciones placenteras. Inductor de cáncer de pulmón; al tener actividad lipolítica, disminuye la grasa.
- *Anatomía:* activa el sistema límbico y disminuye la función de la corteza prefrontal.

- *Neuroquímica:* incrementa la liberación de adrenalina y dopamina. Genera placer moderado. Mediano-alto poder adictivo.

Heroína y derivados

- *Principio activo:* semejantes a beta-endorfinas.
- *Efecto:* activadores del sistema de opioides en el cerebro: disminuyen el dolor y generan placer.
- *Anatomía:* disminuyen la actividad de zonas del dolor en el cerebro.
- *Neuroquímica:* modulación de receptores mu y kappa. Alto poder adictivo.

Enséñale a tu cerebro quién manda

1) Las peores combinaciones de drogas se dan al involucrar en una misma exposición a varios sistemas de neurotransmisión, por ejemplo: alcohol (GABA/dopamina) asociado con cocaína (adrenalina/cocaína) y heroína (sistema opioides/beta-endorfinas). Pueden generar un colapso cardiovascular con pérdida del conocimiento, incluso la muerte. El peyote u hongos asociados con el alcohol son terribles en su combinación.

2) El bajo poder adictivo del tabaco y la mariguana —en comparación con los niveles adictivos que generan la cocaína y la heroína— hace pensar que pueden dañar

menos o salir de la adicción más rápido. Sin embargo, el alto poder de muerte neuronal inducido por la mariguana lleva a pensar que esta afirmación no es totalmente cierta. Si algo tienen en común las drogas es que destruyen neuronas.

3) Pensar que el tabaco es una droga menos tóxica es relativo, pues fumar cinco cigarros al día durante cinco años puede reducir en promedio 10 años de vida. No hay fórmulas o rangos de seguridad con las drogas.

LO PROHIBIDO OBSESIONA

Es común que al darle una orden al cerebro el mandato pueda estar en desacuerdo con sus funciones, sin embargo, cuando estamos en contra de lo que desea nuestro interlocutor, si queremos disminuir nuestra atención, podemos conseguir un efecto contrario; esto es, si se prohíbe una acción placentera, damos paso a una idea obsesiva que busca satisfacer algún deseo prohibido.

Las ideas y contenidos cognitivos a partir de ese momento serán en defensa de lo que más nos genera placer. Las redes neuronales de la atención, memoria y emociones se activan; nuestro cerebro, al recibir la información prohibitiva, presta más atención a ese objeto, comida, acción o persona. Al parecer esto es una contradicción fisiológica, pues nos piden que no hagamos algo y puede pasar exactamente lo contrario y, aún peor, lo hacemos sólo por sentir placer, desobedeciendo la orden y poniendo en riesgo una convivencia social adecuada.

Las redes neuronales incrementan la atención ante un evento negativo, accidente u orden poco común, el procesamiento de ideas sobre un objeto prohibido otorga características emocionales, generadoras de dolor moral o percepción de apego, como si fueran posesiones o situaciones irreemplazables. A través de estudios de resonancia magnética se ha identificado que cada vez que a una persona se le niega algo que le generó placer o se le prohíbe realizar alguna actividad, su cerebro hace que fije demasiada atención sobre el objeto prohibido y se sienta con demasiado apego o sensación de pertenencia a lo que ya no puede obtener.

También se ha identificado que cuando se prohíbe en forma única y tajante, la obsesión es muchísimo más fuerte, generando mayor dolor moral por el proceso de prohibición. Comparado a cuando el proceso se comparte con un grupo de personas, en un luto comunitario, por ejemplo, la prohibición se desensibiliza con mayor velocidad y el dolor o la sensación de pérdida o insatisfacción pasan más rápido debido a que se comparte y la liberación de oxitocina de varias personas adapta más rápido la sensación de pérdida. Esto indica que es mejor dar una orden negativa o prohibitiva en grupo, que de manera personalizada.

La corteza prefrontal es un sitio especializado para controlar los deseos de forma objetiva y entender los frenos sociales; en la medida en que la formación de esta área llegue a su fin, el cerebro logrará su madurez social. En las mujeres, a los 22 años en promedio, la corteza prefrontal está conectada, controlando las compulsiones, aprendiendo de mejor manera sus comportamientos. Los varones llegan a esta etapa neurofisiológica hasta los 26 años. Antes de esas edades es muy común que el cerebro se comporte de manera irracional y genere conductas pretenciosas e infantiles cuando se le niega algo, es fácilmente obsesivo y suele generar sufrimientos innecesarios.

Este factor de la madurez cerebral se asocia también a que los jóvenes desarrollan expectativas muy altas y conductas más demandantes con perspectivas de satisfacción inmediata, por esta razón los adolescentes y los jóvenes suelen presentar conductas infantiles más frecuentes y complejas en la medida en que construyen su personalidad y su carácter aflora con mayor énfasis, esto muestra que apenas están construyendo los frenos fisiológicos y sociales. La prohibición a esas edades puede generar un acto irreflexivo de impulso o conductas de alto riesgo, en otras palabras: prohibir drogas, alimentos, eventos, agredir emociones y solicitar cambios inmediatos sin un manejo psicológico o apoyo terapéutico profesional adecuado o con escasa experiencia en el manejo de emociones puede empeorar un problema.

El circuito de la obsesión cerebral hace que pensemos irremediablemente en terminar o seguir lo que el placer nos promete. Aunque después se sienta arrepentimiento por actuar con tal desmesura en lo que hicimos. Ideas, emociones y decisiones giran en virtud de la magnitud de los hechos que nos niegan y nos generan obsesión. La edad y la experiencia son excelentes aliados para disminuir estas conductas y pensamientos, a mayor edad las obsesiones cambian, la experiencia nos enseña a lidiar con mejores estrategias.

Respecto a los neuroquímicos obsesionados ante una prohibición, se conoce que entre más se prohíba un evento, el cerebro incrementa la liberación de dopamina, generando una mayor necesidad de realizar el hecho para obtener placer. De esta manera, el círculo de la obsesión termina por generar más placer cuando se desobedece. Un cerebro que se sale con la suya activa las redes neuronales de la adicción y el placer. Muchos de los eventos antisociales y que se encuentran atrás de un delito se deben a lo irracional de la condición que favorece la dopamina.

En situación de un gran estrés o de mucha tensión social, mientras más altos sean los niveles de dopamina de una persona, su cerebro tomará más riesgos, incrementará su desempeño y sus cualidades cognitivas. Además, si los niveles de serotonina también son elevados, la probabilidad de que mantenga la calma bajo presión es también muy grande; en contraparte, si los niveles de serotonina están disminuidos por dopamina elevada, la conducta es aún más favorecedora para caer en la tentación de romper la regla social e involucrarse en algo contrario a lo que se le había dictado, es decir, no obedecer socialmente e involucrarse más en la generación de un placer inmediato.

Si el proceso social o psicológico va en contra de una persona, por ejemplo, cuando alguien le dice a una amiga que su futura pareja no le conviene, que la persona no es lo que ella piensa o que es mejor alejarse de ella, el cerebro responde liberando más oxitocina, la hormona del amor, la que también es responsable de la obsesión y el pensamiento rumiante sobre otras personas, de tal manera que el cerebro, cuando rompe una situación de gran apego, genera mucho dolor, provoca pensamientos a largo plazo y siente un gran sufrimiento por el alejamiento.

En la crisis de obsesión entre lo que se debe y lo que se quiere, el cerebro libera también cortisol y adrenalina, lo cual favorece por momentos las obsesiones y compulsiones en la activación de redes neuronales de los ganglios basales, que hacen que entonces una idea, pensamiento obsesivo o tristeza crónica se convierta en el motor para pensar cómo resolver el dilema, cambiando desde la manera de descansar, las horas de dormir hasta acercarnos a trastornos de la personalidad.

No obsesionemos al cerebro cotidianamente, al tenerlo trabajando de esa manera lo hacemos ocuparse innecesariamente. Démosle una explicación adecuada y gradual de lo prohibido; a veces es necesario esperar, en otras, reflexionar sobre otras opciones, y en algunas más, la experiencia nos pondrá en el lugar correcto con las personas adecuadas.

Enséñale a tu cerebro quién manda

1) No aceleres, y en respuesta ¡aceleras! No corras, y el resultado es ¡correr! No vayas, y terminas yendo irremediablemente. Ese hombre no te conviene y decides casarte con él. ¿Cuántos ejemplos más como éstos? La próxima vez evita el proceso de la obsesión irreflexivo, tal vez tengas razón, lo que es real es que terminamos haciendo lo contrario a las recomendaciones. Es mejor reflexionar cómo lo decimos, en presencia de quién lo hacemos y si sería mejor decirlo a varias personas, o en su momento, si existe ya un problema serio, asesorarnos profesionalmente para tener un mejor éxito en el cumplimiento de lo que realmente se desea obtener.

2) En la mayoría de las ocasiones el problema no es el conflicto, sino la incapacidad de mejorar y confrontar la manera como se piden las soluciones. Una mejor corteza prefrontal y evitar una discusión con mucha dopamina pueden ser los mejores precedentes para evitar que un cerebro inmaduro siempre quiera salirse con la suya.

3) El descrédito, menosprecio y violencia en la infancia
   provocan cerebros con visión negativa de la vida: no
   hay opiniones positivas sobre uno, se disminuye la
   inteligencia y se reduce la honestidad. Generalmente
   en una infancia difícil el individuo duda de sí, busca
   confirmar su autopercepción y lucha contra sus propios estereotipos, en esas condiciones resulta muy
   importante detectar que prohibirle o negarle lo que
   quiere hará que la oxitocina y la serotonina disminuyan y su dopamina se incremente, abriendo el círculo
   vicioso que a todas luces generará consecuencias
   negativas tanto para los actores como para quienes
   dan indicaciones.

AUTOLESIONES Y CEREBRO

Ante un problema, algunas personas deciden tomar decisiones fuertes en contra de ellas, lesionarse, lastimarse, golpearse, incluso, en casos extremos, quitarse la vida. Entre muchas posibilidades, lo más frecuente es que una persona decida lastimarse ante detonantes que le generan miedo, angustia y ansiedad, además de tener antecedentes de depresión o una gran sensación de vacío.

Varios factores están involucrados en el procesamiento de una autolesión; fisiológicamente, la actividad cerebral de estas personas difiere significativamente de una persona promedio. Pensar, inducir mecánicamente una herida o lesión, y soportar estímulos dolorosos, van de la mano con alteraciones en la aceptación de procesos emocionales, en especial los relacionados con conductas negativas. De manera paradójica, el dolor autoinfligido les proporciona alivio, sensación de control, de libertad y disminución de la tensión.

Psicológicamente, la persona tiene con frecuencia ideas detonantes de tristeza y miedo, y en su búsqueda para disminuir la tensión, la amplía con mayor intensidad; las ideas obsesivas asociadas a la conversación monotemática y una disminución en la percepción del dolor son los principales marcadores. Lo único que puede cambiar este ciclo de ideas es generar dolor, sangrar a través de una lesión, quemaduras a propósito o moretones por golpes en zonas del cuerpo que cubre la ropa; después del proceso experimentan calma y una sensación de relajación. Desde la perspectiva de género, la conducta de autolesión es más frecuente en mujeres que en varones. A partir de diversas investigaciones se ha llegado a la conclusión de que esto les sucede a entre 2 y 6% de los adolescentes; las lesiones no explicables pueden evidenciarse por cicatrices, hematomas, hasta mordeduras, cortes, golpes de la cabeza contra la pared, rasguños, zonas de alopecia por arrancar el pelo, ingesta de fármacos o drogas en forma aguda.

No hay un origen específico de esta conducta, pero lo que se reconoce con regularidad es que la gran mayoría de las personas con este trastorno tuvo vivencias traumáticas en la infancia: maltrato físico o psicológico, abuso sexual, abandono o rechazo de los padres, hermanos o compañeros escolares; estas personas en la adolescencia tienen detonantes como humillación, falta de respeto, actividad sexual poco gratificante, incluso acoso sexual. En 70% de los casos la conducta disminuye después de los 20 años de edad, pero se transforma gradualmente en el adulto ocasionando procesos de depresión, culpa, ataques de pánico y crisis de ansiedad.

A nivel cerebral las personas que se autolesionan presentan un incremento en la actividad de la amígdala cerebral (origen de las emociones) y del giro del cíngulo (interpretación del dolor y de la actividad emotiva), en paralelo existe también un aumento significativo en la actividad de las neuronas relacionadas con el control del dolor, específicamente en la corteza frontal dorsolateral. Este hallazgo significa que las personas cambian sus motivaciones y la generación de algunas de sus emociones interpretando de forma inadecuada, al mismo tiempo que la corteza frontal insiste en disminuir la percepción del dolor.

A nivel hormonal, en los adolescentes que expresan cierto placer al cortarse los niveles de cortisol se elevan menos, generando en paralelo una disminución de la percepción del estrés. Otros estudios indican que las personas que se presionan laboral o escolarmente, o se tensan psicológicamente, también presentan cambios en la forma como se percibe el dolor, se origina una disminución en la actividad de la ínsula (centro de relevo de la vía dolorosa).

Aunque aún se encuentra en controversia, se ha identificado que los adolescentes que se autolesionan mantienen una alta probabilidad de llegar al suicidio. Expresan conductas más cercanas a la ansiedad, presentan cuadros de tristeza más grandes y al mismo tiempo llegan a ser hostiles con sus padres, maestros y compañeros de escuela.

Cuando una persona decide suicidarse puede ser por varios factores, la decisión no es espontánea ni surge de la nada. Son varios los antecedentes que se conjugan para tomar la decisión. La infancia y factores genéticos están involucrados en la evolución de los hechos. No hay genes específicos para el suicidio, sin embargo, la conducta suicida puede heredarse en diferentes generaciones, algunos genes pueden cambiar la expresión de algunas enzimas responsables de la biosíntesis de algunos neurotransmisores, así como de sus receptores relacionados con el metabolismo, en especial los genes involucrados en la neurotransmisión adrenérgica, dopaminérgica y serotoninérgica; cambios en la expresión de los receptores para cortisol pueden tener relación con la decisión de terminar con la vida.

Existen muchos factores involucrados entre la predisposición y los mecanismos desencadenantes para tomar la decisión de suicidarse. Por ejemplo, el miedo crónico y exacerbado ante estímulos repetitivos, asociado a la presencia de temperamentos violentos o conductas agresivas, hace interpretar estímulos neutros como muy negativos que inducen a la conducta suicida.

La adicción a drogas se encuentra muy relacionada con el proceso de la idea rumiante de quitarse la vida; desde el alcohol, pasando por la cocaína, el LSD o la heroína, los antecedentes de tolerancia y dependencia a drogas están muy relacionados con la pérdida de frenos sociales y el incremento de la vulnerabilidad ante el suicidio.

Los detonantes más fuertes y desencadenantes en la ejecución de la idea suicida se dan cuando la persona se encuentra en un estado de mayor vulnerabilidad, tristeza o enojo ante una situación que exacerba sus experiencias previas. Entre muchos detonantes se encuentran la desesperanza, la separación o la muerte de alguien cercano, el recibir noticias de enfermedades incurables, perder una posición económica o sentirse abrumado por deudas; la sensación de amenaza constante o la percepción de irreversibilidad de los problemas. Sin embargo, uno de los factores involucrados más importantes es la depresión.

Enséñale a tu cerebro quién manda

1) Es fundamental tener el apoyo de un profesional ante la presencia de autolesiones. Las crisis no deben de subestimarse. Es importante mantener un contacto

afectivo con la persona, otorgarle apoyo incondicional y hacerla sentir protegida. El dolor moral implica que el cerebro lo puede disminuir con empatía y contacto físico, la oxitocina es el principal antídoto en las crisis.

2) Es muy importante evitar las culpas, es necesario expresar la preocupación y analizar el origen de la conducta. Prohibir, regañar o violentar los actos en ese momento tal vez representa la invitación a hacerlo o reincidir. Las personas vulnerables se dan cuenta de que han llamado la atención, lo cual otorga a su cerebro cierto control de las cosas. A veces la cercanía puede generar intolerancia, y la víctima puede sentirse invadida, por lo tanto, es importante no forzar el contacto físico.

3) En una crisis es importante no reaccionar con reproches o enfado, éste es uno de los principales errores que las personas de apoyo pueden cometer con un cerebro que está lastimando a su cuerpo. A partir de ese momento debe iniciar una comunicación de calidad, buscando estrechar lo que hasta ese momento ha fallado: la comunicación. Una víctima lo que solicita es respeto, no tanto comprensión, y el cerebro de los demás debe empezar por ello, entender esta parte ayuda mucho a dar respuestas objetivas ante la crisis.

LO QUE NO COMBINA CON EL VOLANTE

En un futuro mediato tendremos un chofer automático que nos podrá llevar sin problema a donde queramos, tal vez disminuya la frecuencia de cierto tipo de percances vehiculares o multas de tránsito. Pero por ahora debemos enfrentarnos a la realidad de que los autos aún son manejados por cerebros humanos. A veces puede resultar trivial analizar al cerebro cuando maneja un auto, lo interesante es que se puede influir demasiado en la toma de decisiones y en la forma de manejar un automóvil cuando se cometen varios errores.

Utilizar el teléfono celular en el auto, con o sin manos libres, mientras se usa el volante al avanzar por las calles, disminuye significativamente la velocidad de información que procesa el cerebro en ese momento: la percepción de velocidad se modifica, las reacciones se hacen más lentas, en especial el frenado; se ignoran con más probabilidad riesgos y señales de tránsito: se debilita la atención selectiva ante estímulos y señales importantes. A diferencia de lo que se pueda decir, hablar con el copiloto o escuchar atento el radio no genera estos problemas. Hablar por teléfono celular mientras se maneja se asemeja farmacológicamente a un cerebro que acaba de tomar dos cervezas. La incidencia de accidentes es mayor cuando una persona que se encuentra en un tránsito pesado va hablando o discutiendo por el celular.

Manejar cansado, desvelado o con mucho sueño disminuye en gran medida el ritmo cerebral para poner cuidado, los estímulos frecuentes van desensibilizando la atención, incluso aunque se escuche música o se abra la ventanilla del auto existe el gran riesgo de quedarse dormido a una velocidad constante o en un tráfico intenso. Con sólo dormirse tres segundos las consecuencias pueden ser fatales. Manejar con sueño representa un gran riesgo para la vida, disminuye la percepción del peligro y la atención a la luz roja de los semáforos; también los reflejos y la percepción tridimensional sobre las líneas que marcan el arroyo vehicular disminuyen más de 70%. Uno de los principales problemas es que, si el individuo está agotado, el cansancio al manejar aparece sólo después de 20 o 30 minutos ya dentro del automóvil.

Al manejar un auto, la actividad cerebral del conductor es menor que la del copiloto, ya que la vista, la actividad motora y la toma de decisiones se circunscriben a procesos cortos de atención. El copiloto, al no realizar estas actividades, activa más redes neuronales. Es el piloto quien aumenta la atención específica en la tarea de mover un volante y apretar los pedales de aceleración y freno. De esta manera, una discusión dentro del auto se amplifica para el chofer, no para el copiloto o los demás pasajeros que oyen la discusión. Al manejar un automóvil el proceso visual se reduce a un área no mayor de 80 centímetros, no es que deje de ver lo que sucede alrededor, lo que pasa es que la atención se circunscribe a un espacio muy corto.

El proceso auditivo no es tan efectivo, un chofer sólo interpreta (en la gran mayoría de las ocasiones favorece lo que quiere escuchar, no lo que realmente se le dijo); los procesos memorísticos son cortos y éstos son menores en la medida en que el auto incrementa la velocidad. La manera como habla el piloto, la velocidad y entonación de las palabras también se modifican, por momentos pueden escucharse como órdenes o frases incuestionables. Si el copiloto sube la voz, el chofer disminuye su atención en los detalles de lo que tiene enfrente y de la percepción real del movimiento. Semejante a lo que sucede cuando se discute por texto en un teléfono celular, el chofer solamente interpreta, se enganchan las frases más importantes y su enojo lo hace menos hábil, al mismo tiempo se hace más impulsivo, de ahí la frase inteligente de que nunca se discute por textos de teléfono celular, deberíamos agregar que tampoco se hace con el chofer que va manejando.

Sobra decir que el alcohol tampoco es un buen copiloto, pues además de disminuir la actividad del sistema nervioso central potencia los efectos del cansancio, disminuye la lógica y la congruencia del lenguaje, así como la capacidad para hablar y, finalmente, aumenta la probabilidad de una discusión. Todo esto dentro del auto hace al cerebro más proclive a tener un accidente.

El alcohol incrementa la liberación de dopamina al mismo tiempo que favorece la acción inhibitoria de la corteza cerebral, por lo que nos hace efusivos, pero gradualmente nos duerme. Modifica la formación de recuerdos. Un chofer alcoholizado es poco sensible a las consecuencias de sus actos y disminuye la capacidad adecuada de la toma de decisiones.

Finalmente, estados emotivos extremos en el auto tampoco combinan con el volante. Llorar, enojarse, aburrirse o estar sumamente enamorado puede generar también una conducta no apropiada dentro del coche. Por ejemplo, en un estado de tristeza, el cerebro atenúa estímulos agresivos, la sensación del tiempo pasa lentamente y, paradójicamente, se pueden tomar decisiones radicales en los niveles de velocidad con la que se maneja o no respetar las señales de tránsito. Manejar muy enojado es una bomba de tiempo, la liberación de adrenalina y dopamina hacen que el cerebro disminuya los frenos tanto sociales como personales; personas enojadas suelen incrementar la velocidad con la que manejan un auto, su motivación hace que 70% de las personas enojadas manejando crean que no les va a suceder nada malo y si algo llegara a suceder no importan las consecuencias, porque lo más importante es la causa del enojo.

Una persona aburrida, semejante a las personas con estrés, suele acelerar su automóvil tres veces más que una persona consciente de los límites de velocidad. Una persona muy enamorada mitiga el miedo, disminuye la ansiedad y el estrés incrementa sus niveles de confianza, generosidad y altruismo, la causa de estos cambios conductuales es que en el cerebro los niveles de oxitocina son muy altos. La oxitocina sigue una ruta neurofisiológica semejante a del alcohol, con algunas diferencias importantes: la oxitocina es una potente liberadora del neurotransmisor inhibidor más importante del cerebro, el GABA; el alcohol sólo activa los receptores del GABA. Por ello, una persona enamorada puede experimentar aletargamiento y disminución en la percepción de riesgos cuando maneja.

Enséñale a tu cerebro quién manda

1) Los accidentes de tránsito son la principal causa de muerte en jóvenes. Es necesario insistir en que un cerebro manejando debe disminuir sus distractores.

Actualmente, un conductor puede tener más distractores al manejar que los que tenía un chofer hace 30 años.

2) Respetar la manera en que utilizamos el teléfono celular, incrementar la responsabilidad de no manejar cansados, ser más conscientes de nuestros actos al tomar un volante y, sobre todo, evitar el alcohol en nuestro cerebro al conducir, son los principales factores que debemos considerar para evitar accidentes.

3) No discutir mientras manejamos debe ser un elemento básico para la seguridad de todos.

¿ADICCIÓN AL TELÉFONO CELULAR?

El teléfono celular está presente en la vida cotidiana de los seres humanos, para comunicarnos, divertirnos, informarnos, tomar decisiones, en otras palabras, para una comunicación continua que disminuya el tiempo de espera de una respuesta. Al cerebro le gustan las respuestas inmediatas, las generalizaciones y, al mismo tiempo, la sensación de control de lo que tiene al alcance.

Muchos especialistas han hablado sobre la adicción a los teléfonos inteligentes, sin embargo, investigaciones serias indican que no hay un sustento potente para señalar la existencia de adicción a los teléfonos celulares. Deben analizarse varios factores para esta aseveración: edad, madurez psicológica, tipo de personalidad, grupo social al que se pertenece. Los celulares pueden generar problemas o desencadenar, bajo ciertas circunstancias, la conducta negativa u obsesiva de un ser humano, pero no se cumplen los niveles de gravedad que causan otro tipo de adicciones.

La adicción es un trastorno que genera problemas psicológicos, fisiológicos y sociales; el uso excesivo del celular, la aparición de consecuencias negativas y la generación de problemas intrafamiliares o sociales en el control de los impulsos no son suficientes para considerar su uso una adicción. Por más difícil que nos resulte aceptarlo, los teléfonos celulares no tienen criterios para concluir que son inductores de una adicción; se encuentran involucrados en la generación de aislamiento, incrementan la probabilidad de tener ansiedad, depresión, así como la búsqueda de eventos compensatorios y motivacionales, o en su defecto la sensación gratificante de controlar una situación. Se asocian a problemas de sueño o trastornos de ansiedad.

Es un hecho que el celular ha cambiado el panorama de la comunicación, la forma de búsqueda del conocimiento y la diversión. Las nuevas generaciones han modificado valores, intereses y deseos, así como la manera de intercambiar información. La forma de personalizar las pantallas, la música que contiene y la posibilidad de su uso inmediato para informarse en cuestión de segundos hacen que el cerebro vea muy atractivos a estos dispositivos; en paralelo, este equipo técnico puede representar identidad y estrato social. La cercanía con el internet es uno de los principales generadores de gratificaciones inmediatas, entretenimiento sin desensibilización y apego a un aparato electrónico. El teléfono celular también puede generar la sensación de seguridad y confort.

En 2013 se habló por primera vez de la posibilidad de una adicción que podría generar el celular por parte de la Asociación Estadounidense de Psiquiatría, la adicción se relacionaba con algunos juegos que podrían generar trastornos adictivos no relacionados con sustancias; 10% de los adolescentes de entre 12 y 13 años han sido expuestos a contenidos de violencia o sexualidad explícita a través del celular. A raíz de esto, muchas investigaciones empezaron a etiquetar los comportamientos tecnológicos relacionados con el teléfono celular como adictivos, aunque en el campo de la psiquiatría y la farmacología no hay estudios reproducibles y concluyentes que sostengan que los cambios en la liberación de adrenalina y dopamina inducidos por el teléfono celular sean lo suficientemente grandes como para crear una adicción. No obstante, existen diversos trabajos de investigación que afirman que de 10 a 48% de estudiantes universitarios mostraba adicción a los teléfonos celulares, siendo el más común el rango reportado entre 10 y 20 por ciento.

Una de las principales críticas para estos estudios que disminuye el impacto de sus resultados es que se desarrollan y analizan bajo diferentes métodos, cuestionarios y criterios, en la búsqueda de una patología en el uso de la tecnología. La gran mayoría de los estudios en donde se encuentra más la sugerencia de la adicción o al menos el uso exagerado del celular es en las culturas asiáticas, donde el tiempo que utilizan es mucho mayor a lo que se cuantifica en América. Esto indica que los valores de ciertas culturas se reflejan y expresan en el comportamiento del tiempo utilizado de los teléfonos celulares.

Otros factores involucrados en el tiempo destinado al teléfono inteligente dependen de las demandas sociales, académicas y profesionales. En este momento no existe un conjunto estricto de criterios que diagnostique una adicción a los teléfonos inteligentes. Los tres grandes criterios para hablar de una adicción a una sustancia deben ser contundentes:

1) Un fuerte impulso interno para usar la sustancia en paralelo genera un deterioro para controlar el uso.

2) La sustancia genera tolerancia y dependencia, y el individuo le otorga prioridad de su uso sobre otras actividades.

3) El uso de la sustancia persiste a pesar del daño que le genera y se es consciente de las consecuencias negativas.

Si bien en algunas personas el uso del celular les puede generar una falta recurrente para controlar su comportamiento y éste continúa a pesar de consecuencias negativas significativas, la tolerancia y la dependencia aún no han podido ser cuantificables. Sin embargo, el abuso del teléfono celular puede generar deterioro funcional (problemas interpersonales y académicos) o angustia, observada directamente en el comportamiento; esto, sin ser un dato de adicción, representa un problema mayor a mediano plazo sin entrar en la categoría de adicción.

Un factor importante y que marca un proceso adictivo es el deterioro de la salud física, por ejemplo: en los alcohólicos o en las personas que fuman, es evidente el nivel de cambios físicos y psicológicos que presentan en la magnitud de su adicción, lo cual no es lo característico en el uso crónico de celulares. Si bien se ha documentado tendinitis, mareos, visión borrosa, dolor de cabeza, lesiones en el cuello o accidentes automovilísticos, incluso traumatismos por caídas por ver la pantalla mientras se camina, estos datos no entran como criterios para hablar de una adicción.

El teléfono celular hace posibles las intrusiones pedófilas y el sexteo (*sexting* o envío de mensajes de contenido sexual). La distracción es la búsqueda más común relacionada con el teléfono celular; adolescentes y jóvenes no se diferencian de los adultos, sin embargo, los adultos pueden llegar a tener más factores de frenos o resistencias a algunos contenidos. Independientemente de la edad, el teléfono celular retrasa el sueño, disminuye la sensación de descanso y el rendimiento escolar.

Resulta altamente debatible, pero así lo indica el campo de la ciencia: nos guste o no, el incremento del uso del celular no es un criterio válido para hablar de adicción a un teléfono celular. Seguramente en un futuro cercano tengamos las herramientas y elementos para categorizar adecuadamente al abuso del teléfono celular como una adicción, en este momento la incomodidad, estrés, inquietud o irritabilidad por no usar el teléfono celular o alejarse de él están más relacionados con el hecho de que la información se pierda o el dispositivo esté en manos equivocadas, se dañe el equipo o lo roben, más que una necesidad para volver a sentirse bien. Esto va más en función de una dependencia psicológica que de un proceso farmacológico y neuroquímico; es decir, está por abajo del umbral neuronal de la inducción de los mecanismos biológicos que hacen caer al cerebro en una fuerte adicción.

No obstante, las conductas de uso y abuso por largo tiempo del celular sí podrían facilitar otro tipo de adicciones, éste es un dato que debería llamar la atención a los terapeutas como un factor coadyuvante para generar otros problemas farmacológicos o conductuales. No existen estudios clínicos longitudinales que confirmen que el teléfono celular genere trastornos psiquiátricos, recaídas y procesos adictivos. Efectivamente, deben considerarse los antecedentes de salud mental de las personas a las cuales los teléfonos celulares les generan problemas respecto a una población cuya salud mental adecuada puede no tener algún trastorno. Aún más, es posible que sean las redes sociales y algunos tipos de información los que generen algún tipo de adicción, el teléfono celular sólo es un objeto. Es importante analizar las motivaciones de cada persona al involucrarse en las actividades gratificantes que recibe por el uso continuo del celular. Es posible que se confunda la afición a los juegos, a la pornografía, a las redes sociales con la utilidad del aparato.

El uso de la palabra adicción debe ser más adecuado y descriptivo, mejor utilizado en la academia y la descripción clínica. Por lo que es importante ahora hablar del uso problemático de teléfonos inteligentes o de la dependencia de información de los teléfonos celulares.

Es esencial no diagnosticar el comportamiento excesivo, problemático o lo atractivo que ofrece un celular como una adicción. Se debe reconocer que el uso excesivo del celular sí puede asociarse con varios problemas de salud mental como la ansiedad, la depresión, la baja autoestima y el estrés sostenido; las consecuencias negativas no son lo mismo que una adicción. Cada vez estamos más conectados a través del teléfono celular, al mismo tiempo somos más dependientes, el celular nos comunica y en paralelo nos puede aislar socialmente, nos lleva a la dispersión y predispone a estar hiperactivos; las nuevas tecnologías pueden mejorar o disminuir la calidad de vida, todo depende del uso, excesivo o no, de la interpretación, el conocimiento y el control que se le dé al aparato electrónico.

Enséñale a tu cerebro quién manda

1) Hoy representa una habilidad muy importante regular el tiempo de uso del teléfono celular. Sin embargo, castigar quitando el teléfono es una de las experiencias más comunes que tienen los padres con los adolescentes, sin considerar que este proceso puede tener más efectos

negativos en un futuro mediato. Quitar el celular genera mayor necesidad de dopamina en el cerebro con un incremento de la liberación de este neurotransmisor. Es mejor hablar de la necesidad de equilibrio, del tipo de contenidos y reglas específicas de uso del celular en casa, y no utilizarlo como estrategia de sanción.

2) Es necesario considerar que durante la edad escolar se necesita más tiempo para reconocer estructuras, lógica y sintaxis, de esta manera el cerebro aprende a través de la repetición, por lo que es importante reproducir varias veces algunos contenidos bajo ciertas condiciones para entender adecuadamente el mensaje, esto no representa una adicción.

3) En algunos hogares el teléfono celular representa la única fuente recreativa y el escape inmediato a las adversidades. Lo interesante es que los individuos con baja autoestima suelen generar la necesidad del teléfono celular; de acuerdo con estudios serios, comprobables, la edad en la cual un individuo puede darle y otorgarle un mejor control al teléfono celular es a partir de los 14 años. Recientemente se identificó al miedo a perderse algo (FOMO, por sus siglas en inglés), el cual se relaciona con la angustia de perderse algo trascendental, no informarse o ser excluidos en las redes sociales, esto se vincula con frustración, no con adicción.

LA FATIGA: MALA CONSEJERA

Actualmente, las profesiones consideradas como las más estresantes son la carrera militar, los bomberos, los pilotos aviadores, los médicos y los periodistas. Entre los trabajos considerados como más extenuantes o que provocan agotamiento físico intenso en un día se encuentran los de los médicos en primer lugar, después los músicos y luego los estilistas. No siempre el trabajo físico y el estrés van acompañados de una adecuada remuneración moral, psicológica o económica, tampoco hay una relación de la preparación profesional y el conocimiento con el pago de sus servicios; los médicos, además, aparecen en la categoría de profesiones que condicionan un gran desgaste para el cerebro.

Tal vez esto pasaría desapercibido, sin embargo, resulta interesante analizar que la gran mayoría de nosotros hemos tenido contacto con un médico en algún momento de nuestra vida. Un médico especialista debe instruirse en promedio seis años en la licenciatura, y otros años según la especialidad o posgrado que siga. El proceso académico continúa de cuatro a seis años más. El médico estudia, independientemente del tiempo dedicado a su profesión, entre seis y ocho horas diarias; en su etapa formativa disminuyen los tiempos libres, aficiones, fines de semana o días festivos de descanso.

Un médico versado recién formado, egresado de su especialidad, tiene en promedio entre 26 y 30 años, trabaja de 12 a 16 horas diarias, sin embargo, durante los pasados cinco años han hecho guardias médicas en las cuales se han acostumbrado a estar despiertos generalmente 36 horas, tres veces por semana; los desvelos, experiencias, cambios de dieta y modificaciones hormonales de su cuerpo les han cobrado facturas en su estado de salud. El cerebro de estos profesionales necesita mantenerse alerta constantemente.

Pocos estudios se han realizado sobre el desgaste de los médicos y su cansancio crónico que de alguna manera afecta la salud de sus pacientes. Hoy sabemos, por ejemplo, que los médicos suelen recetar antibióticos para enfermedades infecciosas respiratorias con 26% menor frecuencia entre las ocho y 10 de la mañana, respecto a cuando recetan a otro grupo de pacientes con un padecimiento semejante en horarios, por ejemplo, de 18 a 20 horas. Las recetas para la vacunación contra la influenza se incrementan por las tardes, la prescripción de opioides (medicamentos altamente especializados para el tratamiento del dolor) son más frecuentes por las noches, además de que el lavado de manos del médico es menos frecuente por las tardes que por las mañanas.

Los médicos toman decisiones racionales, de vital importancia, es muy importante reconocer que, dependiendo de la hora del día, la mayoría de algunos tratamientos cambian. Los médicos prefieren explicar en la mañana el padecimiento a sus pacientes y la importancia de cuidados profilácticos comparado con lo que sucede en la tarde. También se ha descrito que los médicos solicitan menos exámenes para detección de un cáncer de colon o para estratificar un cáncer de mama en las primeras horas del día comparado con los turnos vespertinos.

La tasa de solicitud de un examen especializado para la detección de un cáncer suele ser entre 10 y 15% más bajo por las mañanas, esto lo saben muy bien los seguros de gastos médicos mayores. Entre muchas razones por las cuales se explica este proceso hay dos fundamentales: 1) el cerebro pone más atención a lo que realiza entre las 10 y las 12 horas del día; 2) un cerebro cansado o fatigado suele solicitar más ayuda o tener factores que colaboren a la explicación de lo que está realizando.

Cuando un cerebro está fatigado opta por realizar actividades más fáciles. Ya no se toma el tiempo para evaluar otras opciones, incluso las evaluaciones de los médicos, mientras avanza el día, suelen tener más decepción e insatisfacción en sus pacientes, quienes confrontan con mayor frecuencia a sus médicos por no explicarles bien o sentir que el tratamiento no es el adecuado. La voluntad neuronal para enfrentar riesgos, evaluar otras posibilidades o buscar mejores alternativas disminuye cuando el cerebro se cansa. La experiencia ayuda, pero el aprendizaje de eventos negativos también se refleja de manera inmediata en el proceder cotidiano del médico: hay más errores, omisiones y evaluaciones superficiales cuando los médicos están fatigados.

La fatiga detrás de las decisiones importantes disminuye el autocontrol en la medida en que se incrementan las opciones de solución posible. No sólo los médicos se ven involucrados en estos ejemplos, esta manera de trabajar y decidir se encuentra también en taxistas, músicos y pilotos aviadores, con un mayor número de fallas en la medida en que su cerebro reclamó un descanso. Otros profesionales, como los jueces, son un claro ejemplo de esta situación; en Israel se identificó que la probabilidad de que un prisionero obtenga su libertad condicional es mayor en las primeras horas de la mañana, y mientras avanza el día, por tantas y complejas discusiones, los jueces suelen aplazar su veredicto.

La fatiga también está presente en nuestra cotidianidad, a veces sin que seamos conscientes de ello, por ejemplo, solemos pagar precios más altos por nuestros alimentos cuando ya estamos cansados. Un regateo por pagar el precio de un auto suele acompañarse de opciones innecesarias de venta que encarecen el pago en la medida en que un concesionario se siente cansado. En el supermercado, los productos que se encuentran a la venta en la estantería a la altura de nuestros ojos suelen ser más caros que los mismos productos de la competencia que se encuentran situados abajo, incluso, al llegar a la caja en donde pagamos, suelen ubicarse dulces y productos ahí, porque el cliente evita buscarlos en otro sitio del supermercado y le resulta más cómodo tomarlos, aunque estén más caros, en la salida del supermercado.

El cansancio físico y mental está relacionado también con cambios hormonales, específicamente en las hormonas tiroideas y el cortisol. Una persona con disminución de hormonas tiroideas con cortisol elevado presenta apatía y falta de concentración. Dormir fortalece el cerebro, se activan genes que ayudan a la fisiología cotidiana de las neuronas, lo cual permite una mejor comunicación entre áreas cerebrales; entrar en la dinámica de robarle tiempo al sueño y el insomnio genera cambios cerebrales que pueden ser irreversibles.

El cansancio desajusta los relojes internos, los genes reloj dejan de activarse en secuencia, se cambia la producción de melatonina —responsable de los ciclos sueño-vigilia—, se incrementa la producción de adenosina e inosina, que cambia la función de la red neuronal de atención y memoria, además de desajustar los cambios cardiovasculares y de oxigenación de la hemoglobina a nuestro cuerpo. La actividad del sistema inmunológico suele sobreactivarse para gradualmente disminuir y dejarnos a expensas de infecciones oportunistas.

El aparato gastrointestinal es también un blanco del cansancio, el incremento de ácido clorhídrico y cambio en la motilidad intestinal predispone a dolores, úlceras o procesos inflamatorios crónicas de todo el tubo digestivo. En algunos casos, la fatiga favorece la aparición de signos clínicos de la depresión. A nivel cerebral la fatiga puede ser la causa de cambios en las redes neuronales del hemisferio cerebral derecho, específicamente en el fascículo longitudinal inferior y en el fascículo arqueado, ambas estructuras cerebrales están relacionados con la generación de memoria y la actividad de lectura fisiológica de la concentración mental.

La manifestación clínica del cansancio se observa cuando la mayoría de las personas carece de vigor, concentración y actitud para conseguir sus objetivos; quieren seguir activas, enfrentarse a sus ocupaciones cotidianas pero su atención cae rápidamente. Este cuadro clínico puede ser la consecuencia de dormir mal, tensiones constantes, trabajar en exceso, falta de ejercicio o por ingesta de medicamentos o algún trastorno de la personalidad.

Enséñale a tu cerebro quién manda

1) La fatiga se puede convertir en un enemigo para nuestro cuerpo, en especial para nuestro cerebro. La importancia

del descanso e identificarla se convierte en una situación primordial. Prestemos atención a nuestra memoria, a la velocidad con la que hablamos, a la postura corporal que tenemos, a las horas de sueño, al ejercicio que hacemos en el día. Resulta más fácil identificar la fatiga y combatirla que esperar su aparición con graves consecuencias.

2) La edad promedio en donde se ven más los cuadros de fatiga es entre los 40 y 50 años, sin embargo, se sabe que desde los 20 años empezamos a realizar cambios neuronales y cardiovasculares por exponernos mucho tiempo a factores inductores de fatiga.

3) Con mucha frecuencia, atrás de enfermedades crónicas degenerativas como la diabetes mellitus, hipertensión arterial, la enfermedad de Alzheimer, Parkinson y algunos tipos de cáncer hay una relación íntima con la fatiga asociada a la calidad de vida previa a la aparición de estas patologías.

LA INCERTIDUMBRE

Al cerebro humano le gustan respuestas inmediatas, disfruta de los resultados favorables a corto plazo y desarrolla gran satisfacción ante el control de las circunstancias. Por ello las personas solemos ser intolerantes a la inseguridad, la incertidumbre, la indecisión o ante potenciales amenazas; cada uno de estos detonantes provoca que las neuronas de los centros de atención, de la memoria, la conducta y la toma de decisiones se sobreactiven organizando conductas de negación, de exageración, de molestia, que generalmente sobreinterpretan y magnifican un problema, llevando con mucha frecuencia a la inflexibilidad de pensamiento, lo cual puede generar preocupación, tensión, desgaste emocional, miedo, incluso llegar a la ansiedad.

Tener incertidumbre puede desarrollar zozobra, difícilmente controlable a corto plazo, y que gradualmente se contagia a las personas con las que más convivencia tenemos. Ante amenazas graves y constantes, la mayoría de los seres humanos nos convertimos en individuos intransigentes en la vida cotidiana. Paradójicamente, disminuye el análisis lógico de las circunstancias. Sin una causa aparente o un factor que lo explique, a este cuadro de tensión psicológica o estrés crónico le sobreviene una sensación de debilidad, dolores diversos, nerviosismo, sensación de asfixia, insomnio y cambios en el apetito; surgen enfermedades oportunistas o la sensación de paralizarse, se fomentan grandes discusiones ante detonantes pequeños y se amplifican las dificultades y la obstinación; la terquedad y el disgusto atrapan nuestro mundo. Incluso las lágrimas y la vulnerabilidad son escondidas por el enfado constante.

Las emociones inmediatas ante la incertidumbre suelen ser varias: principalmente el enojo, por limitar nuestras decisiones: nos molesta que nos contradigan, al cerebro le molesta no tener la razón. La tristeza aparece si pensamos que no tendremos éxito; tendremos una pérdida en la autoestima si el objetivo que la detona no es claro y la angustia activa las redes neuronales de la tristeza. Se puede tener la sensación de sorpresa por lo extraño e imprevisto de los hechos.

La incertidumbre tiene tres bases que sustentan su expresión: biológicas (el cerebro y la respuesta de nuestro cuerpo a las hormonas), psicológicas (el aprendizaje fundamental que sucedió en la infancia y adolescencia) y sociales (el entorno y los apegos que otorga el tejido social). La forma constante de pensar o analizar lo que debe ser correcto, de evitar errores o de ver por el espejo de los prejuicios hace que al reconocer en nosotros estas condiciones se genere incertidumbre. La naturaleza humana tiene sesgos y es contradictoria. Nos conviene adaptarnos a los hechos, incluso a la incertidumbre. No siempre hay información veraz, total, no siempre tenemos la madurez para distinguir errores inmediatos, la gran mayoría de los factores con que analizamos la cotidianidad ha sido aprendida con riesgos, costos y beneficios, confiamos en esquemas mentales elaborados por experiencias que no siempre son aplicables.

¿Qué podemos hacer para manejar de mejor forma la incertidumbre?

1) Valernos de la metacognición: analizar el contenido de nuestros pensamientos, preguntarnos siempre: ¿por qué pensamos como pensamos? Obligar a la

actividad prefrontal, primero como estrategia y después como rutina de nuestra personalidad. Buscar el control psicológico en forma mediata.

2) Reconocer la emoción que con mayor frecuencia se presenta. Decirla ayuda a delimitarla; menor actividad en el giro del cíngulo otorga desensibilizar la amenaza constante.

3) Disminuir sedentarismo: promover mayor oxigenación y agilizar el metabolismo: producción de serotonina, dopamina y beta-endorfina.

4) Escuchar música y estimular la lectura de libros: cambiar patrones de frecuencia de activación neuronal parietal.

5) Aprender y re-aprender, el hábito es vital. Las personas con más experiencia suelen manejar mejor la incertidumbre.

6) Diversificar las fuentes de información: la diversidad de las fuentes ayuda a construir y facilitar el aprendizaje.

7) Las personas más informadas otorgan información muy valiosa; un consejo a tiempo y de la persona indicada puede cambiar horas, días o semanas de incertidumbre.

8) Entender lo básico de la vida: la perfección NO EXISTE. Ante un altercado, entender a la otra persona como es, si entendemos que la convivencia corta a largo plazo nos pone tensos más rápido e intolerantes, pensaríamos mejor los argumentos. En especial en estos tiempos: NO tomar una discusión externa como personal y comprender que nadie nos pertenece, mucho menos sus gustos y opiniones.

9) Procurar empatía: aumentar oxitocina, es el mejor antídoto ante la adrenalina y el cortisol.

10) En la medida de lo posible: AGRADECER por estar vivo, disfrutar lo que se tiene, esto cambia la neuroquímica cerebral: sí funciona.

Enséñale a tu cerebro quién manda

1) Las ideas geniales, la creatividad en obras musicales, lo increíble de una pintura y lo hermoso de una escultura, todo esto sin excepción tiene antecedentes de imperfecciones o descuidos, los errores grandes o pequeños han cambiado nuestra realidad y nuestro mundo. La incertidumbre debería ser una gran motivación para nuestras neuronas y no un problema crónico que está atrás de nuestro estrés.

2) Tengamos en cuenta que podemos ganarle a la incertidumbre gradualmente. Las verdades absolutas y el futuro nos pertenecen. Considerar esto ayuda a disminuir la tensión del futuro, pues allí juega la angustia, además de ser más objetivos y realistas, pues en la tensión vive bien el miedo.

3) La incertidumbre incrementa la probabilidad de estrés patológico, depresión, obsesión y compulsión. Debemos saberla enfrentar en lo biológico para entender

los cambios de pensamiento y hormonales. En lo psi-cológico, reorientando lo que nos molesta y apren-diendo nuevas estrategias; socialmente, cambiando las fuentes y atrayendo mejores personas a nuestra vida, cada uno de estos factores, o en su combina-ción, ayudan a disminuir la sensación negativa que nos provoca desconocer a lo que nos enfrentamos. Se puede cambiar para bien, poco a poco, esto garantiza mejores resultados ante nuevos desafíos.

EL CEREBRO VIOLENTO

Susana no para de llorar, es una mujer de 39 años, está sentada en la esquina de una oficina del ministerio público, muestra su vulnerabilidad y tristeza, afirma que su marido le dio una golpiza de dos horas en su casa, no encuentra el origen del enojo y la violencia de Raúl —su esposo—, sólo recuerda que al estar haciendo la comida recibió dos golpes en la cabeza que la dejaron casi inconsciente, sus dos hijos corrieron hacia ella gritando y pidiendo que su padre parara la agresión.

No es la primera vez que este evento sucede, en los últimos ocho meses Susana ha recibido golpes cinco veces por semana. Dos o tres horas después de las agresiones, Raúl siempre ofrece disculpas, se compromete a no volver a hacerlo, en sus justificaciones describe su infancia terrible, se muestra amoroso, chistoso, apenado y comúnmente ella le pide que se recueste junto a él para planear cosas bellas en el futuro, aunque al día siguiente el ciclo de violencia se vuelve a generar por cualquier detonante. Susana ya no soporta más, con dos grandes moretones en el pómulo y la mejilla, dolor de cabeza, mareada, con la resequedad de la boca y la percepción de humillación, ha tomado la decisión de denunciar a su marido por la grave violencia intrafamiliar a la que ha sido sometida. Sus dos hijos adolescentes están junto a ella, dispuestos a atestiguar todas las vejaciones que ha sufrido.

¿Qué sucede en el cerebro de un agresor o violento? ¿Qué lo lleva a atentar contra las personas que más quiere? ¿Por qué la gran mayoría de las agresiones intrafamiliares las ejecutan los hombres?

La violencia humana tiene tres bases para su explicación: biológica, psicológica y social. Los antecedentes más cercanos a la violencia son los de ansiedad, culpa, estrés postraumático, trastornos del sueño y aplanamiento efectivo asociados con baja autoestima, abuso en la infancia, abuso de alcohol o bajo estatus ocupacional, cada uno está escondido en muchas de las agresiones y ataques violentos de muchas personas. Entre los principales detonantes que generan un cerebro violento están los antecedentes de violencia en la infancia, en la etapa adulta privación de privilegios, hambre, cansancio, frustración social, sensación de desamparo y de escasez.

El cerebro violento está predispuesto a la fuga y el ataque, a conductas anticipatorias e interpretaciones destructivas, por lo que se activan estructuras cerebrales de reverberación de información como los ganglios basales, el hipotálamo (que regula la actividad hormonal), regiones de interpretación de información como el giro del cíngulo, la amígdala cerebral, que es el sitio que inicia la conducta, el hipocampo, donde se encuentra asentada la memoria y el aprendizaje, y la corteza prefrontal, que debe lidiar con estas estructuras para poner frenos sociales. En esta corteza se encuentra el origen de los pensamientos relacionados con los límites sociales, funciones cerebrales superiores, valores morales y el arrepentimiento.

La violencia se inicia de una forma rápida en la emoción negativa que anula las partes inteligentes del cerebro. De los 20 a los 200 milisegundos el cerebro escucha y pone atención a lo más llamativo, a los 220 milisegundos atiende y analiza el significado de lo que le están diciendo, lo que indica que en una quinta parte de un segundo ya capturan su atención, inmediatamente después el hipocampo activa los recuerdos y las memorias de experiencias previas, entre los 300 y 500 milisegundos se activa la emoción negativa (se retorna al incremento de la liberación de adrenalina y dopamina) y se interpreta el significado de cada palabra agraviante por parte del giro del cíngulo. A los 600 milisegundos se activa una respuesta hormonal a partir de la actividad del hipotálamo, cambiando la actividad de varios órganos de nuestro cuerpo para la activación metabólica, cardiovascular, pulmonar y del hígado, de esta forma el hipotálamo entra en acción (se inicia el proceso de liberación de cortisol y vasopresina). A los 500 milisegundos ambos hemisferios cerebrales se encuentran activados por el incremento de la actividad del cuerpo calloso. Hacia los 900 milisegundos la corteza prefrontal interpreta la información, pero un incremento de la liberación de adrenalina y dopamina generan una de las paradojas más grandes en el campo de las neurociencias, la corteza prefrontal se inhibe en la medida en que una emoción se incrementa, por esta razón la violencia no tiene ningún rasgo de inteligencia.

Ésta es la razón por la cual se pierde la lógica y la congruencia en un acto de enojo y violencia, acompañado de un vocabulario rápido, malas palabras y poco entendimiento; en un adecuado marco de salud mental, este proceso dura entre 35 y 40 minutos, después de los cuales en forma gradual la corteza prefrontal vuelve a funcionar inhibiendo a los núcleos cerebrales de la conducta violenta. Estar más de una hora enojados o violentos indica claramente un estado patológico en la regulación de las soluciones y pensamientos.

La corteza prefrontal, como se ha dicho, termina su maduración neuronal entre los 21 y 22 años en las mujeres, es decir, la parte más inteligente del cerebro termina de conectarse y funcionar adecuadamente, teniendo entonces una noción favorable de evaluación de las situaciones sociales y personales a partir de esa edad; para los varones esta madurez llega a los 25 o 26 años. En otras palabras, el control de las emociones y la madurez social tarda en formarse en el cerebro de los varones. Una razón fundamental del retraso de este proceso de maduración se debe a la concentración de una hormona sexual denominada testosterona, que disminuye la capacidad de conexión neuronal, reduce la arborización dendrítica y produce metilación de algunos genes para disminuir la actividad neuronal de algunas regiones cerebrales.

Hay una etapa crítica en la vida para que las conexiones de estas áreas cerebrales que originan, detectan, proyectan y realizan la violencia se conecten. Entre los ocho y los 12 años el cerebro conecta gradualmente estos núcleos que serán utilizados como circuitos de información, con los cuales el adulto ha de encontrarse en diversos estímulos durante su vida; de esta manera, el cerebro que aprende conductas a esta edad las repetirá con mayor frecuencia a lo largo de su vida, pues hay un determinismo psicológico y social sobre el sustrato biológico; el cerebro puede cambiar sus conexiones neuronales de acuerdo con la petición de su medio ambiente; por ejemplo, un niño que a esa edad observa a otros decir mentiras le será más fácil mentir como adulto, cambia la conexión entre el hipocampo y el giro del cíngulo; si a esta edad un infante es testigo o recibe violencia en forma repetitiva, durante su vida adulta será un generador de violencia: su amígdala cerebral tendrá mayores conexiones y funcionará de manera más dinámica interpretando con el giro del cíngulo detonantes como amenazas o agresiones; además, no identificará sus niveles de violencia; justificará sus agresiones y desensibilizará con mayor rapidez las consecuencias negativas de sus actos, así, su cerebro tampoco podrá discernir la violencia de su entorno normalizándola y adaptándose a ella de manera rápida.

La violencia se aprende y se crea en el cerebro. Las neuronas que generan, memorizan y proyectan a la violencia cambian su comunicación en la infancia, en ese periodo fértil de conectividad neuronal es cuando la violencia se aprende y predispone una cicatriz neuronal; los actos violentos de los padres, los abusos físicos y emocionales, las negligencias y maltratos cambian la conexión entre la amígdala cerebral, el giro del cíngulo y el hipocampo. La violencia generará un cerebro violento a la siguiente generación. Otras áreas cerebrales como el núcleo accumbens, el núcleo caudado, la corteza somático sensorial, el área visual incluso y la corteza prefrontal disminuyen su conectividad, por lo que un niño expuesto a la violencia y al maltrato no sólo será violento e intolerante, además, tendrá disminuido el sustrato neuronal que deriva en ser feliz y sentirse integrado a una sociedad. Los individuos violentos, además de tener estos cambios anatómicos, también expresan modificaciones neuroquímicas, como un incremento constante de neurotransmisores activadores como lo son la adrenalina, el glutamato y la acetilcolina; en paralelo se produce una disminución importante en la liberación de serotonina y de GABA, con ello se disminuye la sensación de plenitud, felicidad y tranquilidad.

El ser humano genera procesos instrumentados de violencia, es agresor de su propia especie y puede convertirse en depredador de sus congéneres, pese a que otras especies pelean o entran en riñas, no lo hacen por el placer de causar un daño o la muerte al contrincante; en la especie humana hay individuos psicópatas que sienten placer al realizar una agresión, esto sólo sucede en estados patológicos. Un psicópata en general puede ser increíblemente seductor, maravilloso, pero en su convivencia, gradualmente, muestra datos de violencia. Estos individuos pierden poco a poco los patrones sociales de frenos e inician conductas violentas cuando ya han atrapado a una víctima.

En estudios médicos especializados que analizan la anatomía y fisiología del cerebro, como la resonancia magnética, a través de las imágenes podemos cuantificar cuando el cerebro pierde el control de la corteza prefrontal, es decir, cuando ya no hay control de sus compulsiones. Las personas están afectadas en tal magnitud que pueden tener un trastorno patológico, éste es uno de los principales marcadores biológicos de los asesinos seriales. Esto no significa que todos los violentos lleguen a asesinar, pero sí indica que se está alterando el sustrato neuronal. Varios estudios muestran que los asesinos seriales tienen una disminución de la captura de oxígeno y de glucosa en la corteza prefrontal, esto significa que la región más inteligente del cerebro no les funciona bien. Un individuo con estas características tiene la capacidad para planear la consumación de sus actos y los alcances de los mismos, no está afectado en cuanto a sus capacidades intelectuales; no obstante, existen asesinos seriales que no entran en esta generalización, pues no todos los individuos agresivos han perdido su corteza prefrontal. Lo que sí puede ser una constante en la inducción en el cerebro de un asesino serial es que durante su infancia, entre los ocho y 12 años, muchos fueron marcados por varios factores de humillación, agresión constante, abandono, violencia y maltrato.

Hoy entendemos la importancia de la corteza prefrontal como principal factor para controlar la violencia. El tratamiento de una persona violenta inicia con un proceso consciente de reconocimiento de sus actos, buscando que entienda la responsabilidad y consecuencias de sus decisiones, modificando así las conexiones de la corteza prefrontal a mediano y largo plazo. No todo está perdido, podemos hacer que algunos cerebros reestructuren conexiones neuronales de la corteza prefrontal a través de la terapia cognitivo-conductual, ello puede tardar meses o años. Enojarse no es un problema, no es una patología, se convierte en trastorno cuando el enojo dura más de 50 minutos o genera actos de violencia.

Durante los últimos 20 años se ha normalizado la violencia en nuestra sociedad. También, desde hace décadas, se convirtió en prototipo de enseñanza la frase "la letra con sangre entra", con la justificación que hacían los padres y los maestros respecto al maltrato y los golpes a los niños; en ese momento, cuando aparece la violencia, ya no la vemos como algo negativo, sino como necesario, se justifica el patrón de copiado que ese niño tendrá en el futuro como padre.

Enséñale a tu cerebro quién manda

1) Si no se pone freno a las emociones violentas, éstas pueden perpetuarse en el cerebro. Los frenos de la

conducta violenta los establece la corteza prefrontal que madura hasta después de los 22 años, los actos violentos los origina la amígdala cerebral, los memoriza el hipocampo y los interpreta el giro del cíngulo. Los frenos neuronales tardan en aparecer, sin embargo, las estructuras que fomenten la violencia pueden modificarse a partir de los ocho años. La violencia no se explica de manera espontánea, su origen no es de un día para otro.

2) Una conducta aprendida desde la infancia puede sobrepasar las normas sociales establecidas, a veces no se podrá entender, o cuesta trabajo lidiar con ella. Un cerebro violento tiene su origen desde la infancia, es consecuencia de cambios anatómicos, fisiológicos y moleculares que otorgan una facilidad para ser más impulsivo.

3) La violencia sí genera violencia, si ésta aparece en las primeras etapas de la vida, dejará consecuencias tal vez para siempre en el cerebro. Un cerebro violento, sin frenos ni límites, escala a más violencia, incluso se acerca a datos patológicos como la psicopatía. El cerebro violento rara vez reconoce su violencia y la magnitud de sus actos.

EL CONFINAMIENTO

A finales de 2019 y durante 2020 un virus cambió la manera de relacionarnos en el mundo. La pandemia por covid-19 hizo lo que pocas cosas han logrado en la humanidad: aislarnos, ponernos en cuarentena y dejarnos en nuestras casas sin planeación previa. Los resultados fueron, en algunos casos, positivos, pues esto ayudó a evitar un mayor número de contagios. Sin embargo, el confinamiento en casa o en los hospitales hace que el cerebro humano cambie la interpretación de las conductas y el resultado a corto plazo es generar ansiedad y estrés. Aislarnos socialmente, sin planearlo, puede generar cambios fisiológicos y neurológicos, entre los primeros, se favorece el aumento de la presión arterial, hay cambios metabólicos relacionados con incremento de la glucosa plasmática, con consecuencias negativas en el tratamiento farmacológico de la diabetes mellitus, inmunosupresión por los altos niveles de cortisol que puede manejar un individuo como respuesta metabólica ante un estresor social.

A nivel de la salud mental, la depresión y las crisis de ansiedad fueron las expresiones más frecuentes observadas en el confinamiento de la pandemia. A nivel social, fue evidente el incremento en el número de divorcios después de la cuarentena. A nivel psicológico, quedó latente el miedo al contagio, la sensación de riesgo ante personas que tienen datos clínicos de una gripe y la percepción muy marcada de incertidumbre y vulnerabilidad cuando enfrentamos a un enemigo invisible.

El cerebro humano es social, necesita de la relación con otras personas y de la relación psico-afectiva con sus seres queridos. Diversos experimentos en el campo de las neurociencias muestran que a nivel neuronal se observa la interacción social en el cerebro. Si grupos de neuronas le generan un aislamiento, las células madres se dividen en células madres —no en neuronas—, sin embargo, en un ambiente enriquecido en el que se permite interacción sináptica, es decir que dos neuronas se conecten, este hecho hace que se formen nuevas neuronas, esto se puede adaptar en un tejido y manejar adecuadamente un nuevo ambiente. En un cerebro maduro e interactivo la exposición a un ambiente social y estimulante provoca un aumento claro en la formación de nuevas neuronas y conexiones neuronales.

Las personas más independientes pueden disfrutar de la soledad y tienen menos pensamientos negativos cuando están solas, la gran mayoría de los seres humanos manifiesta una mezcla de melancolía, miedo, preocupación y vulnerabilidad, cuando es alejada de sus familiares o de su grupo social que les otorga seguridad y favorece su autoestima. La cohesión social es importante para manifestar una buena salud mental. Lo que mantiene unidos a los grupos sociales tiene un origen biológico, son los niveles de la hormona oxitocina la que nos permite vivir en grandes sociedades con una abundante identificación en clanes familiares y de amistades. Los altos niveles de oxitocina en nuestro cerebro nos hacen sentir pertenencia, amor e identificación con otros. Gracias a la oxitocina podemos mantener la sensación de bienestar con personas que no comparten nuestros genes. Al contrario, un aislamiento genera preocupación, miedo y ansiedad por no tener control de la situación, esto pasa cuando los grupos sociales se aíslan.

Estar aislado socialmente tiene una relación directa con un incremento en la adicción a drogas, tanto las permitidas como las que no lo están, esto es visto principalmente en adolescentes y adultos jóvenes. Diversos estudios muestran que la incidencia de mortalidad en grupos de personas mayores es más alta entre individuos más solitarios y socialmente aislados. Aislarnos en forma aguda y sin preparación (entiéndase tiempo, experiencia y una explicación previa) hace que diversas regiones del cerebro trabajen de una manera distinta, activándose con mayor frecuencia centros neuronales que perciben e interpretan el dolor físico y psicológico, cambiando el umbral de tristeza y enfado, además de modificar la sensación de cansancio, sueño y apetito. Al cerebro no le viene bien sentirse solo, ya que aumenta el estrés ante estímulos que antes no lo detonarían. Llevar al cerebro a un confinamiento lo conduce a mediano plazo a una percepción inadecuada de sus logros, a una proyección reducida de sus éxitos u objetivos y a sentir que el amor propio se lesiona. A nivel neuroquímico, disminuye significativamente la liberación de adrenalina, dopamina y serotonina, esto fomenta la aparición de datos clínicos vistos en el miedo y la depresión, es posible que ésta sea también la base del empeoramiento de los datos clínicos de la obsesión y la ansiedad. Un efecto a largo plazo es la aparición de la sensación de indefensión.

Paradójicamente, la exclusión social favorece el rompimiento de lazos familiares, afectivos o de amistades, pues se incrementa la liberación de oxitocina como efecto reflejo de la necesidad de una mejor convivencia; esto capacita al cerebro para una mayor interpretación de las faltas morales, lenguajes corporales o la forma como habla una persona, es decir, que las personas que más nos quieren se convierten en las personas más vulnerables ante nuestras interpretaciones, y viceversa, son las personas que más nos pueden ofender ante una situación de aislamiento social. En suma, el cerebro genera ciclos de pensamientos de autorreprobación. En especial, la red neuronal del giro del cíngulo y de la ínsula se activan, estas neuronas procesan la interpretación del lenguaje corporal, del rostro, los gestos y la prosodia de nuestras palabras ("hablar golpeado", interpretar con enojo los mensajes, etcétera). Por esta razón, una sociedad aislada es más fácil que genere exclusión, rompe lazos ante interpretaciones inadecuadas y crea o exacerba los problemas.

La biología evolutiva, la genética, la psicología, la economía y otros campos que involucran a las neurociencias sugieren que los humanos en formación y desarrollo de familias, tribus y naciones necesitan de otros seres humanos. El aprendizaje de la pandemia del covid-19 permitió una cooperación social más eficiente, la enseñanza a cerebros maduros en parejas facilitó las relaciones más estables y comprometidas en la reproducción y cuidado de los hijos. Si bien en la ciencia no hay determinismos y verdades absolutas, la gran mayoría de los seres humanos modificó algunas estrategias sociales y de convivencia como aprendizaje del confinamiento.

Enséñale a tu cerebro quién manda

1) ¿Cuáles son las estrategias que aprendió el cerebro humano después de una cuarentena debida a un confinamiento prolongado y obligado? Entendió que el ejercicio

físico es fundamental para mantener la salud mental. La necesidad de mantener hábitos saludables como la alimentación e hidratación hacen que la toma de decisiones se mantenga fuerte en momentos difíciles.

2) Mantener la calma, darle una explicación a la situación, realizar rutinas activas, diversificar la información recibida durante una crisis emocional, son la base para evitar que el cerebro pierda el control. Suena fácil decirlo, pero en una crisis no está mal tener miedo, sentir preocupación o percibirse vulnerable, pero en la medida en que se etiqueten las emociones y se mantenga en contacto el ser humano con otras personas que, como él, están sufriendo el mismo problema se activarán prácticas de solidaridad que ayuden a todos.

3) La gran mayoría de los seres humanos nos enseñamos a actuar con responsabilidad, nos sentimos comprometidos a cuidarnos entre todos; este aprendizaje se mantendrá y pasará a las siguientes generaciones para adaptarse mejor a futuras epidemias. El cerebro humano, después de las grandes catástrofes, se fortalece con el aprendizaje. No obstante, aparecieron conductas carentes de lógica y sin solidaridad, algunas personas negaron la existencia del virus o no quisieron cuidar su salud, hubo quienes agredieron a médicos y enfermeras, los resultados no se hicieron esperar, esos cerebros sin límites, sin congruencia, aprendieron que no tenían razón.

EL TELEVISOR Y LA MEMORIA

En mi infancia, el método más común para el entretenimiento era ver la televisión, cuando era niño estaba lejos de pensar si había efectos negativos en la comunicación neuronal. A lo largo de mi vida he escuchado un sinnúmero de adjetivos negativos en contra del televisor (la caja idiota), pero sin duda los contenidos no dependen del aparato emisor. Uno de los medios de comunicación generalizado en el mundo que permite ver a través de su pantalla deportes, películas y una gran diversidad de contenidos que actualmente han pasado de las redes sociales a la televisión y viceversa. Si bien la llegada del teléfono celular, las tabletas y las computadoras han disminuido la cantidad de horas frente al televisor, éste sigue acaparando atención y tiempo frente a él.

En mi adolescencia viví grandes contradicciones, una de ellas fue tener un televisor a color en casa, pero siempre me cuestionaban el tiempo que pasaba frente a la pantalla, desde ver un partido de futbol o disfrutar de películas. De adulto fui sustituyendo la cantidad de horas por la calidad de información que recibía. Sin duda, el televisor es un sistema de diversión para el cerebro humano. Las críticas que tuve por ver mucha televisión, la gran mayoría infundadas y sin bases, parecen ahora tomar veracidad con los hallazgos recientes en el campo de las neurociencias.

Numerosos estudios en los que se mide la capacidad cognitiva de niños, midiendo los tiempos de atención a un programa de televisión, dan evidencia de que la memoria y el aprendizaje de estos niños disminuye en forma proporcional al tiempo que pasan viendo la televisión. Estos efectos negativos también se observan en los adultos mayores de 50 años; esto valorado por un estudio longitudinal europeo sobre envejecimiento: tomaron en cuenta ciertos factores que podían influir directamente en los resultados, como género, edad, estatus social, educación, consumo de tabaco y de alcohol. Se demostró que los sujetos que dedican más de tres horas y media al día a la televisión tienen una disminución de la memoria verbal. Así, una actividad extraordinariamente pasiva como lo es sentarse y ver una pantalla, en lugar de dedicarse a otras actividades estimulantes y variadas para el cerebro, modifica el metabolismo cerebral, la neuroquímica a mediano y largo plazo y, por supuesto, conexiones neuronales de diversas estructuras cerebrales.

Independientemente de la edad que tenga el cerebro, tres horas y media de televisión son suficientes para que una persona disminuya poco a poco su capacidad de emitir palabras y desarrollar su lenguaje (decrece el número de palabras emitidas, la capacidad para generar procesos gramaticales). Del mismo modo, personas con alto nivel cognitivo también disminuyen su capacidad para aumentar su léxico; es decir, la televisión, independientemente de nuestro grado escolar, reduce nuestra capacidad verbal de comunicación.

Comparadas con otras estrategias del cerebro para divertirse como leer, practicar juegos de mesa o actividades manuales, culturales, pero también en relación con el sedentarismo, resulta más beneficioso que ver televisión. Es decir, tenemos un cerebro preparado para varias actividades aun sentados, pero le resulta negativo tres horas y media de estar frente a la pantalla sin interacción con ella. Es importante no satanizar al televisor, sino a la decisión de ver tanto tiempo su pantalla, por ejemplo, al realizar "maratones de series" durante un día completo, en las diversas plataformas especializadas, sí puede influir negativamente en la manera en que tejemos nuestro discurso y comunicación social a mediano y corto plazo.

¿Qué se puede hacer contra esto? Los expertos indican que el tiempo promedio para ver la televisión no debe de ser mayor a 210 minutos. De la misma manera que cuando escribimos en el teclado de una computadora o estamos viendo la pantalla de nuestro celular, es importante realizar ejercicio físico, es necesario levantarse de la silla y caminar, subir escaleras o comprometernos con una actividad física durante 10 a 20 minutos diarios y después regresar a la pantalla; sin embargo, debe quedar claro que es necesario tener un límite sano de tiempo frente a la pantalla de la televisión, hacerlo será de gran beneficio para la vejez y por muchas y varias razones nuestro cerebro lo agradecerá.

Enséñale a tu cerebro quién manda

1) Debemos tener dos límites para ver el televisor: el tiempo no debe ser mayor a tres horas, y debemos aprender a movernos después de ver la pantalla de la televisión.

2) Démosle oportunidad a la lectura, a juegos de mesa, a actividades que incrementen la creatividad y nos ayuden a desarrollar una mejor conectividad neuronal.

3) Sin excepción, todos los cerebros son vulnerables a los efectos negativos sobre la memoria verbal que tiene la atención prolongada en el televisor.

_____

LA ADICCIÓN AL TRABAJO

Un horario laboral prolongado (más de 10 horas de trabajo al día durante, al menos, 50 días al año) aumenta la posibilidad de tener hemorragias cerebrales o infartos en diversas áreas del cerebro. Una intensa carga de trabajo asociado a preocupaciones, estrés y angustia incrementa las probabilidades de un infarto, pero también de alteraciones neuronales severas, esto no sólo en personas mayores, también en jóvenes. Un grave problema es que la gran mayoría de quienes tienen jornadas laborales prolongadas no lo ven así, gradualmente se desensibilizan de las condiciones inadecuadas de trabajo, el bajo salario o las presiones por cumplir los compromisos.

Sin contar los antecedentes médicos de una persona —enfermedades isquémicas cardiacas, historias previas de hipertensión arterial, diabetes mellitus, hábitos dietéticos nocivos o un alto índice de masa corporal—, someterse a trabajo intenso más de 10 horas al día tiene un efecto dañino en varios órganos del cuerpo, en especial en el cerebro. Los efectos de una hemorragia o un infarto a nivel cerebral debidos a extensas jornadas laborales tienen igual porcentaje de presentación en mujeres y en hombres.

Es una paradoja fisiológica y laboral, horarios laborales largos sin descanso impiden la actividad física diaria y disminuyen significativamente la eficiencia de objetivos laborales cumplidos. Por otra parte, estar sentado más de 90 minutos frente a una computadora o escritorio cambia el metabolismo cerebral de manera importante, generando una mayor inducción de estrés y trastornos del sueño, que repercuten contundentemente en el descanso y la dieta. Es decir, no sólo es el trabajo ejercido, sino las largas jornadas trabajadas que cambian gradualmente el volumen de sangre que debe llegar al cerebro, y éste es uno de los principales factores que generan deterioro neuronal.

El trabajo no necesariamente se hace en una oficina, un taller o una fábrica, la gran mayoría de las personas que han tenido problemas neuronales por jornadas laborales extensas refieren que los fines de semana son incapaces de desconectarse del trabajo; así, sábados y domingos continúan con proyectos, ideas, contestando correos electrónicos o mensajes de texto, lo cual les impide disminuir la tensión, pasan estos días con preocupaciones sobre resultados o evitando conflictos laborales, el grave problema es que el *home office* o trabajo en casa llega a ser igual de desgastante y estresante; no saber desconectarse los fines de semana implica grandes posibilidades de generar alteraciones neuronales. Tan importante es el trabajo como el descanso.

Las personas adictas al trabajo o *workaholics* (palabra que describe a personas que tienen placer por trabajar mucho y en consecuencia laboran en exceso, lo hacen a expensas de su descanso, sueño, alimentación: de su salud) representan una de las pocas adicciones que es "bien vista" en nuestro mundo moderno. Este individuo generalmente nunca está satisfecho con los resultados de su trabajo. No puede dejar de pensar en su entorno laboral, difícilmente expresa emociones positivas por el trabajo realizado.

Este trastorno lo empezaron a edades muy tempranas y es común que hayan sido expuestos a críticas muy severas y evaluaciones dolorosas por parte de sus padres cuando eran niños; así, poco a poco, en la etapa adulta enfocaron sus valoraciones principales en el trabajo. Sin embargo, su adicción puede llevarlos a la depresión y la tensión constante con una sensación continua de sentirse muy poco reconocidos o satisfechos por sus logros.

Estudios recientes muestran que 11% de las mujeres y 31% de los hombres tienen adicción al trabajo, cobrando tal vez el mismo sueldo por su semana laboral, pero con el factor psicológico de que siempre van a estar por atrás de sus objetivos y metas autodiseñadas para sentirse satisfechos.

No saberse desconectar del trabajo tiene graves consecuencias no sólo psicológicas, también sociales y, por supuesto, neurológicas, cardiovasculares y endocrinológicas. Continuar trabajando en la computadora de la casa, a través del celular, no saber tomar vacaciones o prolongar el horario del sueño impacta directamente en nuestro desgaste emocional y biológico.

Enséñale a tu cerebro quién manda

1) Ningún trabajo, por excelente que sea o tenga la mejor remuneración posible, justifica perder la salud. La próxima vez que dejemos de descansar, nos robemos un fin de semana o no tomemos un descanso oportuno, debemos tener presente que nuestros niveles de cortisol, adrenalina no nos dejarán estar tranquilos, aun después de

terminar el trabajo. Es importante poner límites, horarios al trabajo y jerarquizar los problemas.

2) La capacidad de controlar nuestras emociones y deseos es un rasgo psicológico para obtener éxito no sólo en el ambiente laboral, también en el personal. Si la autoestima se encuentra basada en el trabajo indica un posible descontrol de nuestro tiempo y salud. Como la gran mayoría de las adicciones, el adicto al trabajo no se da cuenta de sus excesos, sólo cuando aparecen las consecuencias de ellos.

3) Los adictos al trabajo liberan dopamina y endorfinas cuando creen que son los únicos que pueden realizar la función que les toca, cuando presumen sus logros, cuando platican en espacios prolongados y en todos los lugares de las cualidades de su trabajo; ser los primeros en llegar y los últimos en salirse les genera un gran placer, sin embargo, esta adicción puede generar microinfartos cerebrales o hemorragias que cambian totalmente la vida de la persona. Es muy importante saber decir no y cerrar la oficina o el trabajo cuando el horario lo establezca, no cuando lo indique un cansancio extremo. El adicto al trabajo quizá tiene una secuela porque fue humillado en la infancia por sus padres, no aceptado por sus conocimientos o poco reconocido en su niñez; es importante considerarlo cuando el trabajo se convierta en la única fuente de satisfacción. Cuando a través de su trabajo una persona siente que controla su entorno,

esto tarde o temprano lo compartirá con sus hijos o tratará de enseñarlo como copia a sus subalternos. Un adicto al trabajo difícilmente escucha cuando alguien lo quiere ayudar para evitarle un deterioro neurológico irreversible, así que mejor pongamos límite a las horas laborales en exceso.

LA SOLEDAD NO DESEADA
EN LA SENECTUD

Don Ricardo vive en el departamento 7 del edificio, nadie sabe bien su edad, es un hombre de entre 70 y 80 años, camina lento y encorvado; de complexión delgada, moreno, semicalvo —el poco pelo que aún le queda es blanco—, nunca acude a las reuniones de vecinos, mucho menos a las fiestas del condominio. Es un hombre que desde hace 25 años es pensionado, su ropa, aunque limpia, nunca está planchada, sus zapatos rayados y chuecos tienen por característica ser los mismos desde hace cuatro años. Sus horarios son predecibles, todos los días barre su casa y los tres primeros escalones que conducen a su departamento, sale a tirar la basura muy temprano, después regresa con una bolsa de pan y el periódico bajo su brazo derecho; todos los jueves va por los víveres al supermercado cercano y cada fin de mes acude al médico y regresa con su bolsa de medicamentos. Es un hombre muy meticuloso, prácticamente no habla, a veces llega a saludar a regañadientes a uno que otro vecino. Generalmente, tiene una conducta hostil, más con adolescentes y jóvenes. Es común que todas las semanas tenga un altercado con algún vecino, ya sea por la música en alto volumen, porque alguien dejó su automóvil en el espacio que le corresponde a él (don Ricardo no tiene auto desde hace 20 años, pero defiende su espacio como si aún tuviera su auto), o también porque algunos vecinos dejan su basura cerca de su puerta. En ocasiones se le oye gritar: "¡Silencio!", cuando los niños juegan en el condominio, en varias ocasiones ha llamado a la policía para terminar fiestas y es muy común escuchar sus refunfuños cuando los vecinos están reunidos espontáneamente a la entrada del edificio.

Don Ricardo es extraordinariamente enojón, nunca ha sido solidario con ningún vecino y se la pasa victimizándose de las acciones del gobierno contra los ancianos, de la economía del país o de la inseguridad. Tal vez toda esta descripción pasaría desapercibida, incluso es común para muchas personas de la tercera edad a las que se les enjuicia superficialmente, pero don Ricardo tiene una cruel historia personal: enviudó hace pocos años, después de que su esposa muriera en un accidente, de manera abrupta perdió a la compañera de su vida después de 34 años de matrimonio. Sus dos hijos crecieron y se fueron, no lo visitan, él dice que no le hacen falta. Apenas conoce a sus nietos, los ha visto dos veces los últimos 10 años. Don Ricardo, como muchas personas de la tercera edad que viven solas, se adaptó a esta soledad no deseada.

El cerebro humano necesita de la comunicación para tener una adecuada salud. Después de los 50 años en promedio, por cada década que vive una persona pierde 4% de la corteza cerebral. Pero esta pérdida neuronal es mayor cuando el ser humano vive solo. El intercambio social es necesario para la producción de sustancias que evitan el deterioro neuronal, por ejemplo el contacto con otras personas para incrementar la producción de oxitocina, factor de crecimiento neuronal y BDNF, proteínas que ayudan a una división neuronal en regiones relacionadas con la memoria, las conductas y el aprendizaje como lo es el hipocampo, la corteza prefrontal, la corteza visual y la amígdala cerebral, además coadyuvan a una mayor comunicación neuronal, fortaleciendo la comunicación de varias áreas cerebrales.

Una persona en soledad tiende a incrementar la actividad de la corteza visual primaria y disminuye significativamente su capacidad auditiva, lo cual se asocia con cambios degenerativos de la edad, y se incrementan los procesos de interpretación del cerebro, por lo que la gran mayoría de las personas aseguran que suceden cosas que no son ciertas, que su cerebro crea y edita a su conveniencia. Si el factor de la edad es importante para inducir demencia, la soledad potencia la pérdida de la memoria. El deterioro cognitivo es mucho mayor en pacientes ancianos solos, aun controlando algunas variables como la alimentación, hipertensión o diabetes. Es decir, la soledad se convierte en un factor más agresivo en contra de la vida de lo que por momentos puede llegar a ser la hiperglicemia o una presión arterial alta no controlada.

El cerebro humano por naturaleza no quiere estar solo, sentirse en soledad, percibirlo y entenderlo, además de cambiarle los factores neuroquímicos de la motivación, hace que vea el mundo de una manera amenazante. Evidencias clínicas muestran que la soledad puede ser un factor primordial para disminuir los niveles de serotonina, por lo que la soledad es un factor que predispone a la depresión. Los niveles de dopamina también disminuyen significativamente después de los 50 años, incluso una persona de 60 años en promedio sólo tiene 30 a 40% de los niveles de dopamina que apenas le dan un poco de felicidad comparado con los niveles tan altos que expresan jóvenes de 20 años. Un cerebro que experimenta soledad tiene un incremento de la actividad adrenérgica asociado con la elevación de los niveles de cortisol que condicionan que la gran mayoría de los eventos sean adversos y se resuelvan a través del enojo o el incremento del sentimiento de vulnerabilidad. En conjunto la senectud, acompañada de aislamiento social, incrementa la reactividad al estrés, lo cual, además de la inmunosupresión, hace que el cuerpo se encuentre más frágil al estrés oxidativo.

La soledad también está en relación con una disminución de la capacidad cardiovascular (incremento de la presión arterial asociado a una disminución de la fuerza de contracción ventricular del corazón), respiratoria (disminución de la presión de oxígeno arterial) y de funciones hormonales de la vida cotidiana (incremento de interleucina, una proteína inmunológica que favorece la inflamación con disminución en la producción de anticuerpos), cambios en los patrones de sueño y vigilia con una disminución en especial del sueño reparador, la soledad nos acerca a una mortalidad prematura.

En países europeos como Inglaterra y España las políticas han cambiado para proteger, prevenir y atender la soledad no deseada. En 2018 se inauguró en Gran Bretaña una secretaría de Estado para combatir la soledad, una cultura que respeta a sus ancianos da muestra de su nivel intelectual y educativo. La soledad no está a favor de un estilo de vida saludable, ya que se asocia a dietas inadecuadas, poco ejercicio o vida sedentaria, tejido social inadecuado o incremento en las consecuencias inmediatas de enfermedades crónicas degenerativas. Nos conviene cambiar de actitud ante los ancianos, más aún si ellos viven en soledad, la cual termina sesgando inadecuadamente la salud de un ser humano acortando su esperanza de vida.

Es posible que don Ricardo no tenga la razón en todos sus juicios, que detrás de su enojo y rencor se esconda tristeza y depresión. Una interpretación profundamente sesgada siempre a favor de sus juicios, que no es otra cosa que un estado neuroquímico de tensión y estrés exacerbado por su soledad. Seguramente don Ricardo últimamente ha olvidado cosas recientes, nombres y fechas o compromisos, lo cual paradójicamente lo hace ser más reactivo y molesto contra la sociedad. Podemos entenderlo, no justificarlo, pero queda claro que es necesario ayudar a don Ricardo y no aislarlo socialmente más de lo que ya está. Tal vez algún día alguien se dé cuenta de que la soledad le ha cobrado una factura muy grande al viejito de la "casa 7", que efectivamente su conducta no ayuda y puede ser desagradable por momentos, pero puede ser maravilloso hablar con ese hombre cuya experiencia, vivencias y anécdotas le harían mucho bien contarlas, compartirlas.

Enséñale a tu cerebro quién manda

1) A medida que nuestro cerebro cumple años genera cambios y se pueden cuantificar las modificaciones que inciden sobre su anatomía y bioquímica. Después de los 50 años nuestra conducta y autoestima dependen en gran medida de cómo lo usamos y lo cuidamos. Viviremos poco a poco un deterioro cognitivo iniciado a esta edad durante los siguientes 10 o 20 años. Por eso conviene entender la importancia de envejecer con buena salud mental, ejercicio y alimentación, pero sobre todo

inmersos en un grupo social de calidad. La soledad no deseada no sólo disminuye la capacidad neuronal, también acelera el desgaste del cuerpo y disminuye las probabilidades de vida.

2) Abrazar a las personas mayores, tocarlas amorosamente, hablarles amistosamente, hacerlas sentir importantes es fundamental para que el cerebro se sienta integrado y funcional. Después de los 60 años no todo se trata de medicamentos, supervisión médica y procuración de una vida saludable. Debemos saber que el cerebro también necesita de otros individuos para sentirse mejor.

3) El cerebro humano necesita compañía, de una red de apoyo recíproca, una interacción social dinámica. Esto independientemente de la edad que tenga, pues no necesitamos llegar a la tercera edad para exigir compañía. El cerebro es un órgano social, necesita sonreír, discutir, hablar y comunicarse con otros. Dentro de la experiencia de vivir feliz y gozar lo hermosa que a veces es la vida, este proceso es mayor y se disfruta más cuando se comparte la vida con alguien.

CAPÍTULO 3

Análisis para funcionar mejor

EL CEREBRO Y LAS DECISIONES

Tomar una decisión es fundamental como actividad de la inteligencia. En la vida hay diversas decisiones, desde lo que comeremos, elegir nuestra ropa, hasta la decisión ética de informar sobre un problema o ayudar a un anciano; casarse o separarse. No influye el corazón para ello, es el cerebro el órgano que inicia, procesa y valora una decisión desde su concepción, la medición y las consecuencias de los actos. En promedio, depende de la edad, el cerebro a los 10 años puede tomar 200 decisiones al día, un adulto llega a tomar más o menos 2 160 decisiones. Durante nuestra vida tomaremos cerca de un millón de decisiones; una paradoja fisiológica es que 80% de éstas son inconscientes, los recuerdos siempre están modulando nuestra forma de vivir. Creemos tener siempre la razón, justificamos nuestro proceder, pero 90% de nuestros actos dependen de la interpretación que hacemos en el momento.

El cerebro piensa y toma una decisión en 200 milisegundos, es decir antes de decirlo o ejecutarlo, ya nuestras neuronas realizaron un proceso activo que esta atrás de nuestras palabras.

Sin duda, el cerebro de mujeres y varones tiene una capacidad diferente de tomar decisiones y evaluarlas; la corteza prefrontal, la región inteligente de nuestro cerebro, es la que estima nuestras decisiones, juicios y filtros en la vida, valida y pondera los claroscuros de nuestra madurez. La actividad de la corteza prefrontal (la región del cerebro que está al frente, arriba de los ojos) genera los arrepentimientos, esta parte del cerebro madura y se conecta más rápido en las mujeres como consecuencia de sus hormonas, en particular los estrógenos hacen que una mujer a partir de los 22 años tenga la madurez de tomar mejores decisiones. Los varones, como se ha dicho, por efecto de la testosterona tardan más tiempo en llegar a la madurez biológica y psicológica, ellos conectan su corteza prefrontal hasta los 26 años. Antes de estas edades, el humano no suele tomar las mejores decisiones en su vida, suele equivocarse con frecuencia, el cerebro es más intuitivo, impulsivo e intolerante. Por eso es que los varones toman las peores decisiones en la vida, hasta llegar en promedio a los 26 o 27 años, aunque a veces tardan más tiempo.

La fisiología también influye en la toma de decisiones. Un cerebro maduro y exitosamente social —sin importar la edad— es un cerebro capaz de asumir una posición arriesgada al elegir estar enojado, enamorado, feliz o triste; tiene en común que al estar atrapado en estas emociones toma las peores decisiones de la vida. Una emoción tiene un común denominador, disminuye la capacidad inteligente de la corteza prefrontal, por eso a veces nos arriesgamos y luego nos arrepentimos de lo que hicimos un día después, esto es, pasamos del éxtasis de la emoción y después aprendemos.

La corteza prefrontal es sitio de ejecución de las funciones cerebrales superiores (planeación, estrategia, memoria, motivación y atención). Cada una de estas funciones puede relacionarse con una sensación de dolor al tomar una decisión importante, ya que se activan las neuronas de la corteza cercana al lóbulo parietal: la ínsula (de ahí la frase: ¡Esto me duele más que a ti!). La secuencia de activación también implica activar neuronas que procesan recuerdos (hipocampo), emociones (amígdala cerebral) e interpretación de la conducta (giro del cíngulo) y se pueden acompañar de sensaciones corporales que se registran en el lóbulo parietal.

Tomar decisiones inicia en la vida como un juego, así aprendemos, jugando a obtener resultados, equivocándonos e intentando nuevamente una tarea y volviendo a realizar un ejercicio. Después el sistema de aprendizaje de la vida cambia las reglas, al ir a la escuela, al entender los problemas en el hogar, al madurar socialmente. Tomar decisiones no es un fenómeno reflejo o instintivo. Es un proceso de madurez y adaptación de nuestro cerebro, que se afina con nuestra inteligencia. Si bien el éxito enseña, aprendemos más rápido del dolor y la adversidad, porque las neuronas ponen más atención en estos procesos a veces negativos.

Una mala decisión se valora mejor 24 horas después de ejecutarse. Cuando ya no existe la emoción con la que se tomó.

A veces antes, depende de la magnitud de los resultados. Una mala decisión genera obsesión por quererla cambiar y por sentirnos a disgusto, ocasiona molestia crónica, crea emociones reverberantes y negativas: tristeza, enojo, frustración, venganza o violencia. Por más difíciles que sean, aprendemos a tolerarlas; las peores decisiones están detrás de grandes éxitos, y viceversa; sin embargo, el cerebro difícilmente se vuelve a equivocar en la misma magnitud con el misto detonante.

El cerebro detecta un error en lo que piensa, dice o acepta en menos de un segundo, lo hace consciente y puede —en ocho segundos— manifestar su enojo o decepción, o en su defecto generar orgullo y alegría. Ante una mala decisión, las neuronas producen un ritmo cerebral de gran frecuencia —lo cual pude verse por medio de un electroencefalograma— asociado a la liberación de adrenalina, dopamina, glutamato y acetilcolina. Si estamos tristes, disminuye la serotonina y creamos ideas obsesivas que dan vueltas en la cabeza por horas, son responsables de pensamientos obsesivos que nos quitan objetividad. Nuestro cuerpo emite sus señales, nuestras emociones afloran: sudamos, la respiración es más rápida, se nos reseca la boca y el intestino trabaja a menor velocidad. Esto es más evidente en las primeras horas de nuestras decisiones, gradualmente, el tiempo nos otorga la razón o aprendemos a vivir con las consecuencias, pero siempre aprendemos de nuestras decisiones.

Enséñale a tu cerebro quién manda

1) Calificar de buena o mala una decisión es una evaluación subjetiva, debemos considerar las circunstancias, si fue en un momento inoportuno o una emoción nos llevó a tomar rápidamente la decisión. El secreto tal vez sea pensar mejor para evitar caer en un reclamo. Con el tiempo veremos que disminuimos la culpa, los errores y realizamos modificaciones de las interpretaciones. Incluso podemos controlar algunos factores alternos o predisponentes que disminuyen la capacidad de tomar una buena decisión.

2) ¿Qué está atrás de una mala decisión?

    El estrés: el cual es el principal saboteador de nuestra vida, nos disminuye la atención y reduce la memoria inmediata.

    Comer mal u omitir un alimento: principalmente el desayuno o la comida; esto nos hace cansarnos más con la consecuente disminución de la objetividad de análisis.

    No dormir o desvelarnos: disminuye la capacidad de memoria, nuestro cerebro olvida factores o cambia detalles, lo cual impacta directamente en la toma de decisiones.

    Varios estímulos al mismo tiempo: no es adecuado analizar al mismo tiempo lo que escuchamos por el teléfono con lo que leemos en la computadora y la información que te pasan por un papel, además de lo que te pueden decir personalmente, ¡todo al mismo tiempo! Las mejores decisiones tienen en común que fueron analizados los detalles por separado y con una evaluación cuantitativa y objetiva.

Sentirse cansado: es un factor fundamental, no se toman decisiones si no has dormido bien o tienes problemas de sueño.

Estado de ánimo: enojados solemos ser más analíticos y objetivos con los problemas, pero calificamos con dureza los posibles resultados; en contraste, si estamos felices, creemos las mentiras de otros y nos engañamos con más facilidad. Si estamos tristes no valoramos bien las consecuencias: entre más importante la decisión, no debe valorarse con la presencia de una emoción.

El horario del día: el cerebro tiene más atención entre las 10 y las 12 horas del día. Considera un horario adecuado para tomar decisiones.

Sin presiones: a veces sentir autopresión para tomar una decisión es el principal factor para apresurarse; 70% de las decisiones tomadas bajo presión derivan en arrepentimientos con los resultados a mediano plazo.

3) ¿Qué podemos hacer para tener una mejor decisión?

Pedir consejo y asesoría a personas con experiencia: un consejo a tiempo y una evaluación externa siempre ayudan.

Una red emocional inmediata de apoyo: saberse con ayuda emocional que acuda rápido a nuestro auxilio, con quién hacer catarsis ayuda a mejorar nuestras decisiones.

Hacer ejercicio: oxigena el cerebro, atenúa el estrés, favorece la liberación de endorfinas y dopamina. Movernos nos tranquiliza. Bailar, correr o simplemente caminar 25 minutos al día es fundamental para mejorar los elementos negativos cotidianos.

Respirar profundamente para tranquilizarnos: tomar un momento para respirar profundo ante una decisión oxigena mejor el cerebro y cambia la frecuencia cardiaca.

Alimentos que pueden ayudar: el complejo vitamínico B, el omega 3 y algunos flavonoides que vienen en frutas y verduras ayudan al sistema nervioso para mejorar su metabolismo, la síntesis de enzimas y los neurotransmisores ayudan a la recuperación funcional.

Desconectarse en periodos cortos: las mejores decisiones se toman cuando no estamos obsesionados en la solución de problemas; bañarnos, un viaje o desconectarnos momentáneamente viendo el horizonte ayuda a las redes neuronales a cambiar la frecuencia de activación para que en su momento se tomen decisiones excelentes.

LA NOSTALGIA ¿FUNCIONA?

La nostalgia es la tristeza que despierta por el recuerdo de una pérdida, extrañar tiempos pasados con un deseo de volver a vivirlos. La nostalgia se genera en el cerebro a partir de estructuras que asocian emociones y memorias por un anhelo poco realista e idealizado de experiencias históricas. De esta manera, diversas estructuras cerebrales suelen generar felicidad por los buenos momentos y excluir los sentimientos negativos, las experiencias de esa época. Es decir, la nostalgia sólo recuerda lo mejor de nuestro pasado, que en este momento ya no tenemos con la misma magnitud, de ahí que una de las grandes generalizaciones es que siempre se habla del pasado como la mejor época que se ha tenido.

La nostalgia se relaciona también con estructuras cerebrales cuyas neuronas pueden generar cambios neurovegetativos como dolor, náusea o tristeza y suele despertarse con olores, recuerdos, sabores o al observar fotografías, paisajes, personas... Añorar tiempos pasados es una manifestación del cerebro para controlar lo que ya se vivió, como en una película que vemos varias veces: la disfrutamos porque sabemos el final. Por eso el presente, comúnmente, tiene el inconveniente de no disfrutarse con la misma fuerza, y las personas con gran nostalgia son las que tienen más experiencias. Recordarlas si son positivas otorga un sentimiento de seguridad que ayuda a consolidar la identidad, fortalece la seguridad, sirve para encontrar los objetivos de la vida, pero sobre todo, tiene un factor social muy importante: incrementa el vínculo afectivo con nuestros seres queridos.

Un excelente experimento para ver el poder de la nostalgia en el cerebro humano, en un marco de salud mental adecuada, es el de mostrar fotografías de la infancia de una persona, ver a personas que ya no están presentes, detectar qué sensaciones surgen: enojo o frustración, alegría, optimismo o sentir que valió la pena ese momento. Esta práctica es un excelente antídoto contra la soledad. La nostalgia puede ser un gran reforzador de optimismo y nos deja una sensación de placer porque se puede recordar que hemos vencido dificultades, además es un excelente motivador para incrementar la seguridad en uno cuando las dificultades acechan.

La resiliencia es ver cómo después de caer y equivocarse ante un problema grave, la gran mayoría de las personas saca lo mejor de sí para superarlo. Un adecuado proceso de resiliencia incrementa el vínculo con los demás, así como la capacidad para entender errores del pasado, incluso nos vuelve más empáticos con los demás; esto depende mucho de los niveles de oxitocina en el cerebro. Las personas que comúnmente tienen procesos nostálgicos también presentan altos niveles de oxitocina en su cerebro. Por eso la nostalgia no es un proceso negativo o muestra de debilidad, al contrario, ayuda a nuestro bienestar ante las dificultades. Desafortunadamente, a algunas personas la nostalgia les genera sensación de estrés, dolor moral, incluso angustia, porque la gran mayoría de sus recuerdos están involucrados con acciones violentas o atrapados en un estrés postraumático; en este estado, la nostalgia despierta sentimientos negativos que no favorecen la salud mental. En un tercer grupo de personas, sus emociones están atrapadas en el pasado que ahonda la nostalgia, entonces se detonan sentimientos bipolares, agridulces y aversivos, que pueden cambiar según las condiciones y personas que en ese momento se encuentran generando estos sentimientos.

La nostalgia también se encuentra detrás de muchos de los eventos económicos de nuestra actualidad, la moda *vintage* (lo clásico llegó para quedarse) representa una excelente estrategia de venta que induce un desembolso económico superior al promedio de muchos de los productos que se pueden comparar en el mercado de la moda. Autos, juguetes, ropa, hasta dulces y refrescos, representan en nuestro cerebro cierto tipo de recuerdos positivos para incrementar el consumo de ciertas marcas. Muchos de los muñecos, chocolates, paletas o bebidas que compartimos con nuestros hijos tienen una relación con nuestros recuerdos cuando consumimos esos productos siendo infantes. El cerebro nos juega un dulce reforzamiento positivo, comerlos otra vez nos lleva a esa etapa de la vida al mismo tiempo que aumentan los sentimientos de felicidad al recordar nuestra infancia ahora con nuestros hijos o nietos. A nuestras neuronas les gusta recordar quiénes fuimos y podemos sentirnos más contentos en la actualidad escuchando la lista de los éxitos musicales de cuando éramos adolescentes o muy jóvenes, sentir los tonos musicales o la letra de las canciones durante 15 a 20 minutos es suficiente para cambiarnos el estado de ánimo o traer recuerdos de aquellas épocas de nuestra vida. Recientemente muchos productos que creíamos obsoletos regresaron a esta actualidad: los discos de vinilo, tornamesas para videojuegos, incluso modelos de autos. Estos productos tienen una ventaja competitiva, la palabra *retro* es una excelente manera de seducir al cerebro para comprar recuerdos.

Enséñale a tu cerebro quién manda

1) La nostalgia está presente en todos los seres humanos, desde el punto de vista biológico es una estrategia fisiológica para apartarnos de la tristeza y la soledad. Desde el punto de vista social es una excelente forma de unir culturalmente a las poblaciones. La sensación de pertenencia se incrementa con la nostalgia.

2) Para ver un futuro optimista es necesario tener a la nostalgia como aliada. Nos ayuda a disminuir los efectos nocivos de las injusticias presentes. También está involucrada en la política, se ha demostrado claramente que la nostalgia ha permitido ganar a candidatos que invocan el pasado en su plataforma, al relacionar eventos históricos con el presente y un futuro posible.

3) La nostalgia nos ayuda incluso para optimizar condiciones de contactos sinápticos, mejorar la memoria y poner más atención. Es una estrategia maravillosa para el tratamiento y la prevención de los datos clínicos negativos de los pacientes con demencia senil como la enfermedad de Alzheimer.

UN TRUCO PARA DORMIR

Alicia se queja constantemente de la dificultad para dormir, aun cansada y con el deseo de irse a descansar; en la cama da vueltas, se desespera por no conciliar el sueño. Cuando por fin logra dormirse, refiere que se despierta entre las dos y tres de la mañana por cualquier ruido o sensación de que algo malo puede pasar, entonces se queda pensando en la terrible situación que en los últimos cinco meses viene sucediendo: no puede dormir como antes lo hacía.

Alicia dice también que su humor ha cambiado, gradualmente se ha convertido en una persona intolerante, estalla en enojos constantes ante situaciones superficiales, esto le ha causado problemas en el trabajo y con su familia. Además, está subiendo de peso y por momentos tiene muchas ganas de llorar. Alicia refiere que tiene una actividad laboral con mucho estrés y gran desgaste emocional. Si bien su puesto le ha traído mejoras económicas, su vida ha cambiado sustancialmente, casi no tiene tiempo libre, los fines de semana se la pasa adelantando trabajo y sus días de trabajo son de muchas horas. La paradoja es: se siente más segura en el trabajo, pero con más responsabilidad, se siente cansada, pero no puede dormir.

El insomnio crónico puede ser un proceso patológico ante la adaptación al estrés sostenido en nuestra vida; existe una relación íntima entre el estrés continuo y dormir mal: a mayor estrés de días, menor capacidad para dormir. Dormir mal o tener insomnio crónico induce un proceso conductual que incrementa la internalización de emociones negativas. Dormir mal favorece una crisis entre la actividad fisiológica, cognitiva y emocional. Ante un estado de insomnio grave, es común la aparición de ansiedad y el incremento de los datos clínicos de depresión.

Una de las principales causas de los trastornos del sueño es el estrés cotidiano. Si bien es importante encontrar los detonantes de nuestros estresores, recientemente se encontró un método sencillo que ayuda a relajarnos cuando tenemos que ir a dormir. Para detener la avalancha de pensamientos que nos impide conciliar el sueño es necesario forzar al cerebro a realizar una lista de quehaceres antes de acostarse: pendientes escolares o laborales, actividades que según su jerarquía debemos realizar al día siguiente.

Hallazgos clínicos recientes en el campo de las neurociencias sugieren pensar con calma en lo que vamos a hacer al día siguiente, sin involucrar emociones o generar tensión al realizar una lista mental de nuestras tareas; el electroencefalograma (EEG) muestra cuantitativamente que la actividad eléctrica del cerebro ingresa más rápido a un descanso en un periodo no mayor de 16 minutos desde que se apaga la luz. Si esta lista de pendientes se realiza entre media hora y una hora antes irse a dormir, el proceso es más satisfactorio, al parecer, el cerebro cambia la forma de los detonantes de ansiedad y mejora el control de la situación, que con estrés es difícil de lograr. Es decir, es necesario ayudarle al cerebro a mitigar el estrés y proponerle un mejor descanso, la estrategia no es solamente cerrar los ojos.

Muchos pensaríamos que el cerebro necesita relajarse y descansar para tener un sueño reparador y que la idea de mantenerlo despierto y aún más someterlo al pensamiento de las actividades que debe realizar al día siguiente podría ser contraproducente, pero no es así, hacer esta lista mental de actividades en la noche para realizar al día siguiente ayuda al cerebro a procesar mucho mejor los problemas y reducir significativamente la ansiedad.

El cerebro busca mantener el control en las situaciones cotidianas, sentir desorganización o perder el orden de las cosas es uno de los principales detonantes para generar ansiedad, de tal manera que si se piensa en la posible angustia ante futuros acontecimientos con el mayor detalle posible, este evento simple y efectivo ayuda a disminuir cuantitativamente el miedo.

La lista mental de quehaceres a cumplir en un futuro inmediato es igual a realizar una jerarquización de nuestros principales problemas, otorgando la sensación de control y disminución de las preocupaciones al cerebro con estrés antes de dormir. No es necesario tener un trastorno del sueño para probar los efectos benéficos que puede generar la lista de pendientes antes de dormir; quedó demostrado en personas tranquilas y sin ningún trastorno psicológico que se pueden dormir más rápido si antes de acostarse están satisfechas por la labor de ese día y con la sensación de que al día siguiente serán más productivas.

Enséñale a tu cerebro quién manda

1) Es recomendable ir a la cama a descansar cuando el cansancio nos los dice, no cuando el horario nos lo recomienda.

2) El estrés es uno de los principales factores que nos quitan el sueño, es recomendable no adelantarnos a los resultados posibles o tratar de dividir los problemas en varios factores para solucionarlos poco a poco, uno por uno, como objetivos mediatos a resolver. Esto ayuda a dormir mejor.

3) El cerebro siempre espera una explicación de las cosas, dársela disminuye su ansiedad, estrés o molestia, hacer una pequeña lista de pendientes es una estrategia para encontrar soluciones a la problemática cotidiana.

UN NÚMERO LIMITADO DE AMIGOS PARA EL CEREBRO

César presume de tener muchos amigos: en la oficina, en la colonia, en el gimnasio, en las redes sociales y en el bar. Tiene una gran satisfacción de sentirse popular, siente gratitud con la vida por tener amigos incondicionales que, según él, le ayudan en cualquier momento a resolver un problema. Con algunos comparte conflictos personales, con otros amigos conversa de situaciones laborales, con otro grupo comparte información familiar y con los menos confía algunos rasgos muy íntimos de su vida. En las redes sociales le encanta lo inmediato de la reciprocidad de "un me gusta", recibir emojis de caritas felices o reírse con los memes de moda. Según César, tiene grandes amigos: 120 muy buenos amigos con los que tiene gran interacción dinámica, más los 420 que tiene en redes sociales. Es decir, César tiene en promedio una cantidad de 540 personas con la calidad de "amistades cercanas y entrañables". Lo que César no sabe es que las neurociencias no están de acuerdo con este número, ni con la clasificación que le otorga a cada uno de sus amigos.

El cerebro influye directamente con quién tenemos una amistad mucho más allá de lo que podríamos pensar. César debería saber que los amigos, entre más parecidos son en relación con el conocimiento que comparten, la agresividad y la popularidad que tienen entre sí, suelen ser la base para tener amistades por más tiempo. Que las amistades entre hombres y mujeres suelen durar menos tiempo, comparadas con las amistades del mismo sexo. Seguramente él ha experimentado que entre más grande sea el grupo que tiene en un bar, éste influye directamente en la cantidad de bebidas alcohólicas que se consumen, y en la medida en que el número de personas aumenta, también crece el número de bebidas que consume cada persona en una hora. El cerebro de tus amigos reacciona de manera similar al tuyo ante algunos detonantes y suele generar conclusiones lógicas semejantes. Cuando alguien es realmente nuestro amigo, coincide en ambos la forma cómo percibimos al mundo. Si bien los primeros amigos en la vida son fundamentales para el cerebro, las amistades ganan importancia con la edad. En la medida en que el cerebro madura, otorga más valor a la amistad; tener buenos amigos se relaciona con sentirnos más felices, satisfechos y sanos; una verdadera amistad gana relevancia cuando compartimos la sensación de bienestar. Una sincera amistad es capaz de compartir las satisfacciones, los éxitos y las sensaciones placenteras. También es posible que la depresión y la ansiedad se compartan de manera directa entre los amigos.

Las buenas amistades fomentan bienestar psicológico y físico, incluso disminuye por ellas el riesgo de padecer diabetes mellitus tipo 2, cardiopatías o trastornos psiquiátricos. Hallazgos recientes en el campo de las neurociencias indican que el cerebro humano jerarquiza a las amistades, por lo que no podemos tener más de 15 mejores amigos. En un universo de gran diversidad, tiempo, geografía, distancia y número de amistades, el cerebro selecciona sólo pocos seres humanos extraordinarios, capaces de compartir con nosotros los mejores momentos de la vida y sentirnos con ellos parte de sus experiencias.

En este contexto, le tenemos que explicar a César lo siguiente: la naturaleza social del ser humano nos ha hecho ser la especie dominante, incluso con el control, por ejemplo, en las redes sociales donde nos comunicamos sin tanto esfuerzo. Sin embargo, a pesar de sentirse popular y tener una gran cantidad de seguidores en sus redes sociales, las neurociencias indican que procuramos engañarnos en relación con sentirnos queridos y populares. No somos capaces de mantener más de 150 relaciones significativas al mismo tiempo, solamente tenemos cinco mejores amigos íntimos, 15 buenos amigos, de 120 a 150 conocidos y de ellos solamente entre 40 y 60 amistades lejanas. La limitante de nuestras amistades no es la popularidad sino la anatomía y la neuroquímica de nuestro cerebro, ya que es imposible mantener relaciones significativas por mucho tiempo y de la misma forma; siempre necesitaremos una motivación para mantener la cercanía con esas personas a las que les otorgamos la calidad de mejores amigos. En la evolución del cerebro queda de manifiesto que las verdaderas amistades son las que resisten el paso del tiempo y por más que nos esforcemos por mantener a determinadas personas a nuestro lado ellas también tendrán motivaciones distintas para mantener nuestra amistad.

Enséñale a tu cerebro quién manda

1) El máximo de amigos no lo pones de manera consciente. Nuestro mundo y la sociedad actual nos han hecho entender que existe un número limitado de

personas importantes en nuestra vida, no a todos los podemos querer de la misma forma, no obstante, a todos les podemos decir que son nuestros amigos.

2) Los buenos amigos se hacen a través de experiencias y se mantienen en el tiempo, se quedan en nuestra memoria y son responsables de nuestras emociones positivas cuando no los vemos. Calidad contra cantidad, no necesitamos de un gran número de amigos sino de los más importantes con los cuales podemos ayudar a cambiar muchas circunstancias de nuestra realidad.

3) Juntos hacemos la diferencia: los seres humanos influimos en sentimientos, comportamientos y pensamientos; los buenos amigos ayudan a impulsarnos y a mejorar la calidad de vida de las personas. Entre amigos nos reímos más, nos sentimos identificados y solemos disminuir el estrés y las conductas negativas.

EL CEREBRO RÍE

Reír es una de las expresiones más hermosas que tiene el cerebro para aumentar su socialización. Reírnos indica un cerebro más sano, al menos con mejor salud mental respecto a las personas que no ríen tanto. El cerebro no debe quedarse con las ganas de reír, de hacerlo disminuirá la liberación de dopamina respecto a los estímulos hilarantes; los resultados son penosos, a lo largo de la vida vamos liberando menos dopamina y no reír condiciona a liberar aún menos el neurotransmisor de la felicidad. Un niño de seis a siete años puede reír de 170 a 320 veces al día, en contraste, un adulto mayor de 50 años difícilmente ríe 80 veces al día. Lejos del ambiente cultural en el que estamos, nuestro tipo de personalidad o nuestra actividad, reírnos pasa por un proceso de introspección, control de la situación y sensación de plenitud de nuestra vida.

La risa tiene antecedentes culturales y lingüísticos, aunque también reírnos disminuye la distancia que el idioma, religión o cultura puedan construir. El cerebro ríe más cuando está acompañado, de hecho, la risa es la emoción que más rápido se contagia. La actividad de reírnos es un proceso activo y de interpretación de varias áreas cerebrales que incrementan automáticamente la liberación de neuroquímicos como la endorfina y dopamina, que nos hacen sentir placer y satisfacción al reír. Recientemente se han descubierto otros neurotransmisores, hormonas e inmunomoduladores. La risa incrementa la liberación de oxitocina, favoreciendo la adhesión social y la disminución de tensión, a la par que reduce los niveles de cortisol proporcionando una sensación de relajación. Una carcajada es suficiente para liberar serotonina en menos de un segundo, lo cual es uno de los principales antídotos de la tristeza y muy benéfico durante un estado de depresión. Cuando la sesión de risa dura más de cinco minutos, la liberación del neuroquímico anandamida nos alivia e induce una disminución en la latencia para alcanzar el sueño relajante. Las risas aumentan la producción de algunas interleucinas, sustancias inmunomoduladoras que hacen que el sistema inmunológico se fortalezca en su actividad protectora contra virus y bacterias, en especial la interleucina 6 y la hormona dehidroepiandrosterona.

A nivel cerebral, cuando reímos incrementamos la onda selectiva de atención, vital en los procesos de memoria y aprendizaje, la onda p300, medida en el registro de la actividad de potenciales evocados que representan cuantitativamente la atención. De ahí que cuando contamos anécdotas o en un salón de clases se alientan las risas, el proceso de enseñanza-aprendizaje se incrementa, ¡aprendemos más rápido riéndonos! La red neuronal por defecto, un circuito neuronal que ayuda la planificación de futuras acciones, relacionada con la creatividad y que por momentos nos hace soñar despiertos, procesa tareas cognitivas complejas y nos mantiene poniendo atención, se activa durante la risa, es decir, nuestra mente entre más reímos tiene menos probabilidades de quedarse en blanco.

Las neuronas de varios centros del cerebro se activan cuando reímos: memoria, dolor, placer, emociones, toma de decisiones, interpretación, áreas primarias auditivas, visuales y sensitivas, lo cual hace de la risa un integrador de ambos hemisferios cerebrales, al mismo tiempo contribuye a la elaboración de conexiones con mayor eficiencia. Es un hecho que entre más corteza prefrontal tenemos, mejores decisiones tomamos, socialmente somos más maduros y controlamos la risa con mayor eficiencia, por eso los adultos suelen reír menos, aunado a la disminución de la liberación de dopamina. Desde una perspectiva social, reírnos disminuye la tensión y fortalece los vínculos sociales. Noventa por ciento de nuestras risas está relacionado con la finalidad de hacernos sentir bien. Aunque también es una muestra de agresión cuando nos reímos de alguien.

Una carcajada puede activar el sistema cardiovascular, respiratorio y muscular. Reír impulsa al sistema nervioso parasimpático que, a nivel cardiovascular, disminuye la presión arterial y la frecuencia cardiaca. Las personas tristes o enojadas suelen tener tensiones emocionales que aceleran el corazón, incrementen su presión arterial y son más vulnerables a enfermedades isquémicas del miocardio. Al reír se incrementa la oxigenación, primero se incrementó en la inspiración como un evento natural y, segundo, por cambios en la actividad metabólica del cerebro y los músculos. Por ejemplo, una carcajada activa músculos de la cara, cuello, tórax y abdomen, incrementando la concentración y la manera de relajarse, lo que hace posible inducir espasmos de entre 200 hasta 400 músculos aproximadamente. Automáticamente, el proceso que registra el cerebro en regiones que modulan la atención, interpretación y ejecución del lenguaje y área visual primaria después de la risa es inductor de satisfacción que disminuye la tensión, incrementa la autoestima y modifica la percepción del dolor tanto físico como moral.

Nunca está de más intentar reírnos; aun en situaciones críticas, la risa está involucrada en dejar huellas de buena salud mental y física. Entonces, por nuestra salud mental y física, intentemos reírnos cada vez más.

Enséñale a tu cerebro quién manda

1) Un minuto de risa equivale a 10 minutos de ejercicio aeróbico. Una carcajada de 30 segundos equivale a 45 minutos de relajación. La sangre llega más rápido al cerebro cambiando notablemente las tensiones que tenemos. Un minuto de risa mejora la memoria, otorga más tranquilidad.

2) Reírnos induce una percepción de que el tiempo pasa más rápido, pues nuestra atención está sostenida en otras cosas. La risa puede ser la diferencia de padecer un trastorno cardiovascular, las sonrisas constantes disminuyen significativamente la actividad tensa del corazón que el estrés le genera. Una risa sincera activa más áreas cerebrales que una sonrisa fingida, lo cual socialmente también es notado.

3) Las cosquillas nos hacen reír, pero no nos hacen felices; en contraparte, la sonrisa sí está relacionada con un proceso de conducta más cercano a la felicidad. La sonrisa acorta distancias, aunque haya sonrisas iguales, ninguna es la misma. La próxima vez que tengas el dilema de decidir ante un problema, si es mejor reír o llorar, siempre elige reír.

LAS EMOCIONES VIVEN EN EL CEREBRO

El cerebro es un órgano que pesa aproximadamente 1.350 kilogramos en hombres y 1.270 kilogramos en mujeres. El cerebro recibe un litro de sangre por minuto de los cinco litros que bombea el corazón; en menos de 90 segundos se intercambia totalmente la sangre que recibe y consume 20% del oxígeno que respiramos. Un humano nace con 100 000 millones de neuronas en promedio; el cerebro adulto tiene aproximadamente 16.3 billones de neuronas, comparado con el encéfalo del gorila que tiene 9.1 o del elefante africano que tiene 5.6 billones de neuronas. El humano no tiene el cerebro más grande pero sí con la mayor densidad neuronal de todos los mamíferos. Pero este número de neuronas no es permanente, ya que evidencias científicas muestran que después de los 35 o 38 años perdemos todos los días entre 5 000 y 15 000 neuronas, debido a desgaste cotidiano, alimentación, calidad de sueño, estrés, ingesta de drogas o accidentes que disminuyen este número de neuronas.

En promedio, 75% de lo que nos sucede todos los días está en el marco de la subjetividad, esto significa que nuestras respuestas e interpretación ante un estímulo dependen del estado neuroquímico en el que estamos en ese momento. Un mismo detonante tiene una respuesta distinta si estamos acompañados, tenemos sueño, hambre o si estamos felices. Por ejemplo, al tener un momento agradable por el buen pago por nuestro trabajo, un reconocimiento social o estar contento por un regreso a casa anhelado, luego de una ausencia prolongada, las respuestas conductuales generalmente serán positivas en las próximas horas; caso contrario, si estamos atrapados en el tráfico, nos quitan privilegios o estamos fatigados, cualquiera de estos tres puntos genera respuestas negativas y hostiles. Lo anterior depende en gran parte de los niveles de varios neurotransmisores: dopamina, serotonina, oxitocina y beta-endorfina. Entre más dopamina tenga una persona en varias áreas del cerebro, en especial en un tracto denominado circuito de la recompensa, integrado por una comunicación neuronal entre el área tegmental ventral y la corteza prefrontal, será el origen fisiológico de nuestra felicidad, de sentir placer, de nuestras sonrisas y de la percepción de disfrutar la vida.

Pero también mucha dopamina reduce la inteligencia y la objetividad, nos dejamos engañar más fácil, perdemos los límites y nos dejamos llevar por las motivaciones del momento. La serotonina es un neurotransmisor que incrementa la sensación de placer, nos hace obsesivos y su ausencia se relaciona como factor principal de una depresión. La hormona llamada oxitocina u *hormona del amor* se libera más cuando nos abrazan, nos besan, cuando se tiene un orgasmo; en otras palabras, esta hormona incrementa el apego social. La probabilidad de que alguien diga la verdad con oxitocina es muy alta. La oxitocina es buena hasta cierto nivel, si bien con oxitocina una persona incrementa su productividad laboral hasta en 25%, crece el apego y favorece la conducta del perdón; paradójicamente, muy altos niveles de oxitocina pueden derivar en alteraciones de la personalidad: trastorno paranoide o hacernos excesivamente discriminadores, desarrollar una conducta negativa hacia las personas que no son como nosotros.

La beta-endorfina pertenece a un grupo de hormonas peptídicas pequeñas que disminuyen el dolor y generan placer cuando son liberadas; hacer ejercicio, obtener el resultado deseado por mucho tiempo, sentir un orgasmo increíble, son generadoras de una gran satisfacción que tienen en común el factor neuroquímico de la liberación de la beta-endorfina. La dopamina y la beta-endorfina son los neuroquímicos responsables de adicciones psicológicas y sus receptores son usados por diversas drogas que, activados generan placer, tolerancia y dependencia. Esto es, la entrada fisiológica y anatómica de las drogas es por las ventanas neurológicas que vinculan el placer y la satisfacción en el cerebro.

No todas las emociones gastan la misma energía, actualmente podemos medir de manera sencilla el metabolismo del cerebro (en el campo médico es posible cuantificar la cantidad de glucosa consumida y oxígeno utilizado por la actividad específica de una actividad inducida por grandes grupos neuronales durante un tiempo determinado) durante cualquiera de las emociones que nos caracterizan como especie (alegría, enojo, asco, sorpresa, gusto y llanto). ¿Cuál es la emoción que gasta más energía? La respuesta hoy es muy simple y se puede cuantificar a través de una resonancia magnética cerebral: el llanto. El cerebro no tiene capacidad para llorar por más de 10 minutos seguidos, por ello, esta emoción cansa, disminuye el estado de alerta e incrementa el apetito; llorar nos tranquiliza, porque activa áreas cerebrales que eventualmente liberan beta-endorfina, generando placer y tranquilidad. Por esta razón llorar nos convierte en una especie que se alarma cuando aparece el llanto como un lenguaje social para reducir la agresión, no sólo la nuestra sino de quien observa nuestras lágrimas. No somos la única especie que llora, pero sí somos los únicos en este mundo que interpretamos el llanto como un lenguaje social y de proyección de dolor. Cuando el ser humano interpreta el llanto de otra persona de inmediato genera empatía. Cuando un cerebro no empatiza con el llanto, el sujeto quizás interpretó mal el llanto del otro individuo, por eso no lo conmovió, o bien, es una persona que no se conmueve con el llanto, uno de los primeros datos de una conducta antisocial que puede llegar a la psicopatía.

Enséñale a tu cerebro quién manda

1) Todos tenemos un cerebro, pero éste no es igual a otros. Cada experiencia en la vida, cada momento feliz, cada tristeza está relacionada con cambios de neuroquímicos, guardados en ciertas áreas neuronales. Las cicatrices psicológicas o trastornos de la personalidad nacen con cambios en algunas sustancias de nuestro cerebro.

2) Las emociones engañan al cerebro, si bien todas son amplificadores de memoria y atención, no hay ninguna que nos haga más inteligentes, todas comparten un mismo mecanismo, nos disminuyen objetividad. Si bien el llanto y la risa pueden ser antagónicos en algún momento, a nivel cerebral ambos pueden convertirnos en personas vulnerables que fácilmente pueden engañarse. El peor momento para

tomar una decisión es cuando estamos en un estado emotivo muy fuerte.

3) Llorar nos hace humanos, pero la risa es la emoción que más rápido se comparte; al cerebro le llama poderosamente la atención el enojo, el asco es un mecanismo de protección que tenemos, la sorpresa se desensibiliza conforme pasan los años. Durante la infancia, sentir las emociones, catalogarlas e interpretarlas es fundamental para que el cerebro reaccione adecuadamente cuando sea adulto. Una de las principales tragedias que puede tener un cerebro es no saber distinguir y categorizar sus propias emociones.

ANAFRODISIA: MIEDO
A LA ACTIVIDAD SEXUAL

La actividad sexual tiene una función fisiológica y neuronal en los seres humanos. Desear, excitarse, amar y tener orgasmos generan cambios en varios órganos de nuestro cuerpo y modificaciones en la concentración de neuroquímicos que crean placer en el cerebro, incrementan la memoria, ayudan a poner más atención; inmunológicamente, se incrementa la función de protección contra virus y bacterias, a nivel cardiovascular mejora la actividad del corazón y la presión arterial, además permiten una mejor oxigenación en nuestro cuerpo e inducen a un mejor sueño reparador. La actividad sexual incrementa la autoestima, la relación interpersonal de una pareja y el sentido de pertenencia entre los amantes. Si una persona promedio tiene tres coitos por semana, al año realizará 144 orgasmos, la vida sexual de un ser humano indica que tendrá entre 7 000 y 10 000 orgasmos en su vida, factores principales que señalan un cuadro de sensación placentera adecuado y buena salud física con repercusiones directas en la salud mental adecuada de los seres humanos.

Recientemente se ha documentado que hay personas que prefieren no tener actividad sexual, ya sea por problemas psicológicos, miedo, quizá porque presentan un estado obsesivo en el cual su actividad física los obsesiona, por procesos emocionales que disminuyen su deseo sexual, o sentimientos negativos hacia su pareja que les hacen evitar el sexo. A este trastorno se le denomina anafrodisia.

Las personas que presentan anafrodisia tienen características en común: les cuesta trabajo etiquetar sus emociones, la actividad sexual es indeseable, no pueden describir adecuadamente sus sentimientos, evitan el contacto físico de diferentes maneras, es casi imposible llegar a la actividad sexual, si ésta se da, sienten vergüenza, muestran rigidez física y mental, además de juicios intransigentes por momentos. La gran mayoría de estas personas presenta ansiedad, miedo intermitente y baja autoestima. Al explorar los antecedentes inmediatos de su inapetencia sexual, se detecta que la persona tuvo cuadros de soledad por mucho tiempo, asociados a sentimientos de grandeza que suelen ir al extremo opuesto sintiéndose superior a las personas con las que se encuentra; pueden ser individuos obsesivos compulsivos o con personalidades perfeccionistas. Sin embargo, la anafrodisia también se encuentra asociada como una consecuencia a largo plazo del abuso sexual.

La anafrodisia suele tener como característica marcada una vida social aislada, las personas que la padecen tienen un historial de muestras de afecto muy disminuido, los sujetos suelen estar muy ocupados en varias tareas al mismo tiempo o tener varios proyectos en paralelo, es común cuantificar sus largas horas de trabajo, exceso de actividades sociales o familiares, además resulta evidente que durante mucho tiempo las expresiones de cariño o de amor fueron inexistentes. Es común identificar anafrodisia en matrimonios de más de 30 años de relación como un proceso de desensibilización ante el deseo sexual, sin embargo, hay otros factores que pueden estar relacionados con la disminución del deseo y la frecuencia de la actividad sexual, por ejemplo, la presencia de algunos trastornos de la personalidad como la depresión. Es común que un miembro de la pareja haya tenido padres muy protectores o con modelos de aprendizaje social extremadamente estrictos, bajo violencia física y verbal, además de una educación muy rígida; también suele darse por un origen en familias poco afectuosas, que consideran a la sexualidad como un tabú y una nula retroalimentación de información en diferentes épocas de la vida.

Expresar la inapetencia sexual es más común de lo que se cree, entre 5 y 15% de la población humana llega a padecerlo; no sólo se trata del hastío de la rutina, pasa por elementos más fuertes en el rango psicológico y también por cambios neurobiológicos: la disminución importante en el cerebro de dopamina, serotonina, testosterona, beta-estradiol y vasopresina. La anafrodisia define a una persona que tuvo deseos sexuales, según su forma de analizar: cumplió su actividad reproductiva y después le incomodó la intimidad.

¿Qué se puede hacer en casos de anafrodisia? Los profesionales de la salud mental son los principales agentes que pueden ayudar a cambiar la forma de pensar, siempre y cuando el paciente así lo decida, para mejorar la expresión de los sentimientos. Un psicólogo y un psiquiatra en conjunto son el mejor equipo para tratar este trastorno, empezando por tomar conciencia de lo que se está sufriendo, identificarlo en lugar de ocultarlo, evitar el rechazo y tratar de integrar poco a poco la vida sexual como algo rutinario, con el apoyo integral de la pareja. Es importante identificar los detonantes psicológicos y sociales, hablar en un ambiente relajado y propicio sobre los antecedentes de la infancia y la juventud, identificando las autopresiones y los prejuicios.

Enséñale a tu cerebro quién manda

1) La anafrodisia puede empañar la relación de pareja, generando una disminución de la autoestima en ambos. Puede ser el inicio de muchos problemas de pareja. La insatisfacción sexual llega a incidir negativamente en la forma como se comunican dos personas que antes disfrutaban de la intimidad. Muchos problemas cotidianos en una pareja tienen su origen en la disminución de la frecuencia e intensidad de la actividad sexual.

2) Para el cerebro es mejor tener actividad sexual que no tenerla, si bien puede adaptarse y ajustarse a una vida sin sexo, tener orgasmos, placer y deseo incrementan la funcionalidad de la memoria y la atención. Se debe reconocer que la anafrodisia puede generar cambios negativos en las conexiones neuronales para recordar cosas, por ello es fundamental recalcar que tener en cuenta el problema, describirlo y exponerlo ante un terapeuta para buscar soluciones mejora mucho una relación de pareja.

3) El cerebro con deseos sexuales sí es más activo, más dinámico y creativo. Conviene identificar si una pareja presenta un proceso de inapetencia sexual, el cual si dura más de seis meses puede convertirse en un trastorno que limita gravemente la fortaleza de una relación entre dos personas que se aman.

HORARIOS EN EL CEREBRO

Los seres humanos somos proclives a tener horarios para nuestras actividades. El cerebro tiene una gran importancia en la elaboración y medición de los horarios. En especial en la región llamada hipotálamo, la cual se encuentra al centro de nuestra cabeza y controla prácticamente todo el sistema hormonal de nuestro cuerpo. El hipotálamo se encuentra regulando sensaciones como el hambre, la saciedad, el deseo sexual, la defecación, el movimiento intestinal, incluso la relación de los ciclos luz-oscuridad de nuestros días. Las neuronas del hipotálamo funcionan de acuerdo con la activación de genes que se activan en secuencia; estos genes son denominados genes reloj.

Recientemente se descubrió que otros órganos también trabajan de acuerdo con horarios incluso independientes a los que el hipotálamo regula; aproximadamente 80% de nuestros genes tienen un patrón de actividad según el horario en el que estamos. Esto cobra gran importancia, pues de acuerdo con la hora que se come, se bebe un líquido o se tomó un medicamento, los efectos de las sustancias que tomemos pueden tener un resultado fisiológico distinto.

Algunos medicamentos para el tratamiento del cáncer o de enfermedades autoinmunes pueden tener diferente resultado si se administran en la mañana o en la tarde. Debido a que la gran mayoría de medicamentos utilizan proteínas para lograr su efecto (estas proteínas pueden ser receptores, enzimas o transportadores), cuantas más proteínas se produzcan se obtendrá mejor efecto farmacológico. La gran mayoría de las proteínas que circulan en la sangre son sintetizadas en el hígado, el cual es un laboratorio fantástico de nuestro cuerpo que trabaja con horarios para la expresión de varios genes importantes en nuestra vida. Resulta interesante que, de acuerdo con el horario del hígado y no del cerebro, muchos medicamentos tienen sus efectos farmacológicos. Por ejemplo, una de las medicinas con mayor utilidad para el tratamiento de la fiebre, el paracetamol, cuando se toma por la mañana suele tener efectos secundarios nocivos y menores cuando se toma por la noche, ya que por la tarde noche el hígado genera proteínas para protección de los metabolitos secundarios del paracetamol, de ahí que tomar este medicamento hasta antes de las dos de la tarde puede ser más nocivo que cuando se da por la tarde noche. Pero la aspirina, si se toma por la mañana, incrementa la presión arterial pero la misma dosis tomada por la noche genera hipotensión, independientemente de su efecto antiplaquetario y antiinflamatorio; es decir, el mismo medicamento puede tener efectos secundarios distintos dependiendo de la hora en que se tome, y sigue siendo capaz de quitar el dolor y la fiebre.

Actualmente es vital conocer detalles de nuestros relojes biológicos; semejante al hígado y al cerebro, los riñones también manejan horarios de actividad, sin embargo, el corazón no tiene esta propiedad. A nivel pulmonar, la actividad metabólica aumenta por las noches, por eso algunos medicamentos tienen mejor efecto si se toman antes de dormir. A nivel inmunológico, se ha descrito que los mejores efectos de un tratamiento son cuando los medicamentos se ingieren por la mañana. La gran mayoría de los medicamentos anticonvulsivos son más eficientes cuando se toman por la noche. Se ha visto que los fármacos antineoplásicos, en el tratamiento de algunos cánceres, en la quimioterapia, tienen mejores efectos cuando las dosis se aplican en la madrugada.

El impacto de los medicamentos también tiene que ver con el sexo del paciente, la afirmación de que el cerebro de las mujeres tiene mayor conectividad neuronal, en áreas determinadas con mayor cantidad de sustancia blanca y gris, con una gran modulación metabólica y funcional que establecen las hormonas sexuales, indica que el cerebro femenino puede ser más sensible y vulnerable con algunos medicamentos. Por ejemplo, algunos antidepresivos como la fluoxetina muestran mayor potencia farmacológica en el cerebro de mujeres, ya que en ellas hay menos proteínas en la sangre para transportarlas. Debido a que el estómago femenino es menos ácido que el masculino, asociado a que el riñón masculino filtra más rápido los medicamentos, algunas medicinas como los ansiolíticos (en especial el grupo de las benzodiacepinas) se metabolizan más rápido en el cuerpo de las mujeres, y pueden verse más rápido los efectos inhibidores de la actividad neuronal, pero estos fármacos pueden llegar a tener consecuencias tóxicas más fuertes en ellas.

Algunos medicamentos: como los antipsicóticos, como el haloperidol, son más eficaces en el cerebro de las mujeres en el tratamiento de alucinaciones, ya que necesitan menos dosis y menos frecuencia que cuando los toma un varón. Finalmente, algunos analgésicos potentes que utilizan el sistema opioide del cerebro son más eficientes para el control del dolor en las mujeres, pues muchos de los receptores para opioides son modulados positivamente por los estrógenos, la principal hormona femenina.

Enséñale a tu cerebro quién manda

1) Nuestra cotidianidad muestra las nuevas evidencias de que nuestro cuerpo trabaja con ritmos y ciclos de horarios secuenciados. Algunas personas reaccionan más tarde o con efectos distintos a algunos fármacos, o tienen menos efectos adversos ante algunos medicamentos. Muy pronto será fundamental personalizar la hora de los medicamentos que tomamos, los detalles del horario en el que se ingieren muchos medicamentos resultan ser muy importantes.

2) Nuestro cuerpo es una integración muy complicada de miles de dispositivos genéticos relacionados y alineados. Los genes, el reloj del hipotálamo, regulan hormonas, sin embargo, el hígado regula los genes del metabolismo, la sincronización de ambos la hacemos todos los días. Muchos medicamentos tienen que entrar en esta regulación, el éxito de un tratamiento médico farmacológico consiste en aprovechar esta información para saber el mejor momento del día para administrar cada medicina.

3) En especial en los medicamentos que se usan para los tratamientos de la depresión o psicosis, en anticonvulsivos y ansiolíticos, es muy importante valorar no sólo el horario, también el género del cerebro a quien se le va a otorgar, ya que, si bien el cerebro femenino tiene una

mejor plasticidad neuronal, los medicamentos pueden tener un efecto más rápido, pero también desarrollar consecuencias tóxicas con menores concentraciones o en tiempos más cortos.

INFANCIA COMPLICADA EN CEREBROS GENIALES: BACH Y BEETHOVEN

Cómo no emocionarse al escuchar la *Tocata y fuga*, los *Conciertos de Brandemburgo* o el *Ave María*, por mencionar algunas de las grandes obras de Bach, o bien las *Sonatas para piano*, *Cuartetos para cuerdas* o la *Quinta* y *Novena sinfonía* de Beethoven. Música creada en el cerebro de dos compositores extraordinarios, genios para escribir y con una gran sensibilidad para interpretar las partituras. Dos cerebros brillantes, pero caracterizados por una infancia con desequilibrios emocionales, embebidos en lo social, con aprendizaje severo de lo que se debe de hacer y maltrato psicológico, con la presión constante del obedecer. Ambos cerebros crecieron con inseguridad para resolver los altibajos sociales que los convirtieron gradualmente en personajes intolerantes en búsqueda constante de la ostentación y el reconocimiento social, del placer vacío e inmediato, integrado a sus personalidades perfeccionistas que poco a poco se apegaron a los excesos, desde la comida, los placeres mundanos, hasta eliminar las horas de sueño sin tomar en cuenta los efectos nocivos que tenían sobre su salud. Sus cerebros no fueron ajenos a la depresión.

En el campo de las neurociencias se sabe que el cerebro de los músicos tiene una mayor conectividad neuronal entre varios centros de regulación de memoria, emociones, aprendizaje, atención y proyección social. Un músico promedio tiene un factor neuroprotector en su cerebro, la probabilidad de padecer Alzheimer es mucho menor que la de la población promedio, en lo general su creatividad se relaciona con los procesos de percepción sensorial y vulnerabilidad emocional.

La dopamina, adrenalina, vasopresina, anandamida y beta-endorfina, influenciadas con altos niveles de testosterona, son, en parte, responsables de la búsqueda incesante del placer, de la necesidad de satisfacciones inmediatas, de la intolerancia asociada con la impulsividad, en un cerebro que puede funcionar más, asociado a sentirse menos cansado, con mayor probabilidad de caer en adicciones y romper con facilidad los límites.

Johann Sebastian Bach fue un hombre tan prolífico en la música (autor de música sacra y profana para orquesta, en especial para instrumentos como el violín, el órgano y el clavicordio) como en el amor, tuvo dos mujeres y 20 hijos. Creativo e irredento desde la adolescencia por el ambiente musical que se respiraba en su casa y en la ciudad en donde creció. Fue huérfano a los nueve años, seis meses después tuvo una madrastra que había enviudado dos veces, por lo que el pequeño fue educado por su hermano. Tuvo tres años de instrucción escolar pero dada su inteligencia fue puesto con estudiantes dos años mayor que él, a los 11 años ya era un profesional en la ejecución de piezas con el órgano. Bach fue excesivamente religioso. Los cambios sociales y familiares lo hicieron madurar más rápido, al copiar la música de varios autores fue gradualmente acumulando conocimiento para componer. A los 15 años recibió una beca, a los 17 ejecutaba con los ojos cerrados el clavicordio y el violín. Después de los 50 años mostró una gran inestabilidad emocional, caracterizada por cambios extremos en su conducta. Amante de la vida con lujos y excesos: con adicciones al alcohol y al tabaco, que mermaron mucho su salud, además fue muy aficionado a la buena comida y a las sesiones excesivas de ingesta de chocolates.

La infancia de Bach se desarrolló en el seno de una familia de músicos de varias generaciones previas; de temperamento alegre, con una necesidad muy importante de gozar la vida y disfrutarla a través de comer y beber. Su genialidad viene de dos aspectos fundamentales: herencia y aprendizaje. Su talento y creatividad se basaba en la inteligencia y su constancia, sin apego a los dogmas tradicionales, mantenía una motivación continua por su trabajo a pesar de haber sido pobre y huérfano desde muy pequeño. Era reacio, necio, perfeccionista, lo cual desde la juventud y hasta su madurez lo llevaron a adquirir una personalidad intolerante ante los errores de los neófitos.

Las características morfológicas analizadas a través de las pinturas hechas en la época de su juventud y madurez ofrecen evidencias de que Bach era miope desde edades muy tempranas y en las últimas etapas de su vida tuvo cataratas. Además, presentó secuelas de una parálisis facial de origen isquémico antes de cumplir los 60 años, como consecuencia de los excesos metabólicos continuos a los que se sometió: atracones de comida, tabaquismo intenso y consumo de vino.

Murió a los 65 años a consecuencia de una enfermedad vascular cerebral que lo dejó inconsciente y postrado en su cama por varias semanas. Bach representa al hombre creativo con un cerebro ingenioso, de carácter alegre pero también con una personalidad explosiva, los antecedentes de una infancia con carencias y el entorno de numerosos músicos que al mismo tiempo lo estimulaban. Su idea perfeccionista le exigió demasiado a su cerebro y le cobró varias facturas: ante el éxito logrado en su etapa madura, borró gradualmente para sí los frenos sociales y eventualmente biológicos, que le dañaron las arterias de su cerebro hasta finalmente terminar con su vida.

Ludwig van Beethoven nació también en un ambiente de músicos, de tres generaciones previas, y sufrió desde su niñez un entorno de alcoholismo. Su padre falleció cuando él tenía apenas dos años, por lo que padeció un ambiente de ir y venir con la familia; su infancia fue difícil, y esta situación lo llevó a ser un niño tímido, huraño, con una personalidad marcada por la baja autoestima. De niño tuvo enfermedades gastrointestinales repetitivas y viruela, esta última le dejó marcas en el rostro de por vida, padeció bronquitis con frecuencia y posiblemente desarrolló asma, pero el dato más categórico en su personalidad es el haber padecido depresión. Fue un pésimo estudiante en la escuela, con problemas en matemáticas, ortografía y oratoria, pero con un talento musical innato desde las primeras etapas de su vida.

De adulto sufrió en forma crónica infecciones gastrointestinales, es posible que haya tenido enfermedad de Crohn, caracterizada por náusea, diarrea con cólicos y un malestar general que aparece y desaparece con frecuencia, sin importar lo que se coma. Padecía también artritis, pero el problema más conocido fue su sordera de origen neurosensorial, lo que públicamente se conoce como una tragedia para el músico; ésta inició cuando tenía 30 años, posiblemente como consecuencia de una terrible fiebre tifoidea complicada y mal tratada por los médicos de la época. La sordera lo motivó a incrementar su ritmo de trabajo y a realizar composiciones con una creatividad increíble.

Beethoven fue un hombre con frecuentes ataques de ira, malencarado, robusto, bajo de estatura, de pelo largo y grueso, frente amplia, nariz ancha y cejas pobladas, escondía su depresión con actitudes de enojo y violencia constante. La sordera seguramente le afectó también la porción vestibular del VIII par craneal, por lo que por momentos tenía movimientos torpes y con poco cálculo. Murió a los 57 años; seis meses antes de morir sus dolores abdominales, las diarreas, la fiebre acompañada de edema en ambas piernas, con datos de insuficiencia respiratoria, motivaron a los médicos de esa época a hacerle una punción abdominal en la que se le extrajeron casi 10 litros del líquido de ascitis: el músico presentaba un evidente cuadro de cirrosis hepática, el cual se exacerbó en los últimos meses por su afición a la ingesta de alcohol. En los últimos meses antes de morir, Beethoven estaba desnutrido, con infecciones en la piel, sin dinero, sin amigos y con un cuadro depresivo intenso. Beethoven dejó de respirar por una insuficiencia respiratoria como consecuencia de un edema pulmonar por la gran retención de líquidos derivada de su insuficiencia renal.

Uno de los cerebros más grandes que ha tenido la música ha sido también uno de los cerebros con mayor depresión y generadores de una baja autoestima. Los problemas de una familia alcohólica durante la infancia incidieron siempre sobre la personalidad del adulto; el maltrato que tuvo Beethoven cuando era niño lo marcó de por vida. Intentó sobreponerse a los obstáculos con la rígida constancia a su trabajo; su afán y esfuerzo de superarse le dieron un gran prestigio, fama y una economía que se vino abajo por su derroche, fanfarronería y obstinación en querer tener siempre la razón.

Enséñale a tu cerebro quién manda

1) Bach nos demostró que la genialidad y la creatividad no son suficientes, se necesita disciplina en un ambiente estimulante para sobresalir en una profesión. Siempre se caracterizó por una necesidad inconmensurable de aprender.

2) La sordera incrementa el aislamiento, el dolor moral de no saberse entendido e ignorar lo que dicen los demás. El cerebro de Beethoven en estas condiciones incrementó su creatividad, en especial al componer grandes obras para piano. Esto le daba libertad, le acercaba mucho placer. Su cerebro dio muestra clara de cómo se puede continuar y aumentar los objetivos ante la adversidad más fuerte.

3) Ambos genios, creativos y excelentes compositores, vivieron la orfandad, la pobreza y la necesidad de expresar al mundo con su talento quiénes eran. En busca de reconocimiento constante, tentados por los excesos físicos, abusos morales y la notable presencia del alcohol, la aparición de enfermedades infecciosas que no quisieron atenderse a tiempo mermó su salud y, a la postre, estos males les quitaron la vida.

¿QUÉ CONSTRUYE UNA AMISTAD?

¿Qué es un amigo? En el campo de la psicología se contestaría de manera inmediata: es la persona con la que se puede tener una relación y un vínculo afectivo, que construye, genera empatía mutua, desarrolla un intercambio con igualdad y admiración. Si bien es cierto que no todas las personas que nos caen bien y con las que nos relacionamos serán nuestros amigos, la influencia de la familia y los amigos, sin importar la edad, incrementa nuestra calidad de vida.

Tan importante es la amistad que 30% de los niños tiene amigos inexistentes, compañeros imaginarios que estimulan su creatividad, ayudan a superar las dificultades de la vida y fomentan la autoestima. No, no es malo, ni una locura, no es patológico tener un amigo imaginario. De manera natural podemos compartir muchas cosas de la vida con amigos virtuales que nunca hemos visto, y solemos no tener ningún problema por desarrollar amigos invisibles. Un amigo imaginario también puede generar actividad neuronal y comunicar áreas cerebrales como lo haría en un lenguaje de persona a persona, esto es muy común entre los niños cuya edad va de los tres a los siete años, activando una gran red neuronal de cortezas de lóbulos frontal y parietal, donde se encuentran las neuronas espejo. De ahí la importancia de una amistad: enseña a comunicar redes neuronales que cuando observamos a otras personas semejantes a nosotros nos resulta familiar y disminuye la resistencia para establecer una comunicación con ellos. Las neuronas espejo explican la construcción del lenguaje y la comprensión de las acciones sociales.

Las personas con las que mantenemos una amistad se parecen a nosotros, comparten factores demográficos, educación y residencia; esto incrementa el vínculo de comunicación. Con nuestros amigos y los amigos de nuestros amigos compartimos la activación de redes neuronales relacionadas con las emociones, la atención y conclusiones lógicas, por lo que nuestros verdaderos amigos no sólo son quienes nos caen bien, sino los que comparten muchos de los aspectos neurológicos que nos hacen sentirnos bien. Nuestros mejores amigos son las personas que perciben al mundo de manera semejante a lo que nosotros socialmente integramos; a través de un escáner cerebral se puede predecir con confianza quiénes de los sujetos en estudio pueden ser amigos y quiénes no.

Las grandes amistades se inician en la infancia o en la adolescencia, en donde las personas que se nos parecen más son las que pueden trascender toda la vida como nuestros mejores amigos, si bien hay excepciones y no hay determinismo en la ciencia, la gran mayoría de las personas tienen tres factores que ayudan a que una amistad continúe: conocimientos semejantes, necesidad de trascendencia y éxito personal.

Los niños con muchas amistades con niñas tienen con frecuencia un círculo de amistades más reducido. La amistad también se construye a través de la comunicación; la similitud en estilos lingüísticos incrementa la probabilidad de que los lazos de amistad crezcan también con el tiempo. Las personas que hablan un idioma semejante, con un léxico parecido y equivalente, generan sentimientos de amistad más fuertes respecto a personas que no coinciden con su manera de expresarse; por ejemplo, las personas que hablan en primera persona del singular (yo) suelen construir amistades con mayor facilidad, independientemente del género, lengua materna, nacionalidad, personalidad y grados de estudio. Las amistades también se construyen porque se imitan factores sociales que se aprecian en la manera de compartir textos, característico en los adolescentes, pues hace que las personas tengan opiniones semejantes y usan lenguajes en común que fortalecen los apegos de una amistad.

En las redes sociales, en especial en Facebook, las amistades virtuales son más fuertes cuando se comparten ciertos gustos, lo cual en un contexto social de persona a persona incrementa la sensación de pertenencia a un grupo. Es un hecho que entre más nos parecemos y tenemos gustos afines a nuestros amigos, los sentimos más cerca. Estudios recientes indican que es más fácil hacer amigos por las preferencias de nuestros gustos en películas y música en relación con nuestros gustos literarios. En una amistad por Facebook es más fácil construir lazos sociales cuando ya tenemos una amistad previa con personas que compartimos el contenido de nuestros gustos, respecto a personas que no conocemos; si bien puede ayudar ampliar los círculos sociales, el cerebro siempre necesita un intercambio personal de información que sólo la comunicación persona a persona otorga.

También los genes pueden influir en la manera como elegimos y construimos nuestras amistades. Un patrón genético similar sugiere que nuestro cerebro puede detectar quiénes pueden ser nuestros mejores amigos. Los individuos seleccionados para serlo, a los que consideramos fundamentales, inamovibles e incondicionales, puede ser que tengan el mismo gen DRD2 que nosotros. Las personas que tienen la misma variante genética de los receptores de dopamina suelen realizar amistades más fuertes. Este gen DRD2 es el responsable de la producción de receptores D2 de dopamina, neurotransmisor involucrado en las emociones, atención, estado de ánimo, aprendizaje, sueño, incluso adicciones; por lo que ahora sabemos que también los niveles de dopamina están involucrados en el establecimiento de amistad. De esta manera el cerebro escoge a sus amistades cuando tiene genes parecidos para el neurotransmisor que genera felicidad, lo cual empieza desde las primeras etapas de nuestra vida y evoluciona con el tipo de relaciones que establecemos, desde las de amistad hasta las amorosas.

Esto explica parcialmente por qué las personas que suelen escuchar cierto tipo de música tienen grandes amistades con individuos de capacidad intelectual semejante a la de ellos, a los que les gusta el ejercicio son felices practicando un deporte en conjunto con gente como ellos, o quienes poseen sensibilidades especiales se relacionan con grupos altruistas y disfrutan estas actividades como ellos, o aquellos que practican deportes de riesgo y encuentran a personas con características semejantes a su adicción por la velocidad o las grandes alturas; compartir estos momentos y recordarlos como experiencias son anclajes fisiológicos en la memoria que bien pueden explicar por qué son nuestros grandes amigos. Sin saberlo, nuestros genes nos llevan a conocer a personas que poseen similitudes con nuestros gustos.

Seguramente ésta es una razón por la cual el cerebro trata de hacer grupos de cohesión fuertes, potentes, en un entorno en donde se buscan más opciones para sobrevivir que grupos pequeños o débiles, más vulnerables. No debemos olvidar que la amistad y la familia son fundamentales para nuestra sobrevivencia.

Enséñale a tu cerebro quién manda

1) Nuestros amigos representan todo un gran proceso neuronal, han realizado varias evaluaciones previas para ser esos individuos tan especiales en nuestra vida: cómo hablan, intereses en común, educación, actividad cerebral semejante a la nuestra e inducción de neuroquímica afectiva, y sobre todo compatibilidad, no sólo psicológica, también genética. De ahí que algunos amigos pueden trascender de la amistad al amor, y a veces confundirnos con esta situación.

2) Los verdaderos amigos pueden trascender por décadas en nuestra vida, estarán con nosotros en nuestras memorias, anécdotas y mejores historias. Romper estas amistades genera dolor y tristeza, semejante a lo que puede ser perder a un familiar.

3) Los grandes amigos son incondicionales, las grandes historias, recuerdos y experiencias mutuas se encuentran escritas en el cerebro… no en el corazón.

LO QUE NOS AYUDA A SER INTELIGENTES

La inteligencia no es un proceso estático o inmutable del cerebro, o una habilidad neuronal inmodificable, tiene una programación genética desde el nacimiento y cambia a lo largo de la vida. El cerebro, a través de un manejo de información diversa y compleja, se ayuda a resolver problemas. La inteligencia depende de la edad mental y de su íntima relación con la diversidad y ambiente enriquecido de estímulos con los que se interactúa a diario. A lo largo de la historia de la humanidad se reconoce a individuos muy inteligentes como Rousseau, Copérnico, Darwin, Da Vinci o Mozart. La ciencia indica que no es posible hablar de un solo tipo de inteligencia, la cual sí depende de varios factores que interactúan en forma dinámica entre sí, como el razonamiento matemático, la creatividad, la memoria, la comprensión verbal y el manejo adecuado de las emociones. Ante los diferentes tipos de inteligencia, medirla no es una cosa sencilla, ya que puede ir desde una característica sui géneris del análisis espacial, interpersonal, musical, hasta la capacidad verbal y lógico-matemática.

Hoy reconocemos que la inteligencia humana puede modificarse —para bien o para mal— por la cultura y una retroalimentación negativa con la ansiedad, la frustración y la depresión. Algunas cosas pueden hacer que conectemos más neuronas entre distintas áreas cerebrales y con esto influir positivamente para cambiar la inteligencia. Algunas áreas neuronales de la corteza cerebral, importante en la toma de decisiones, están en continua comunicación con áreas relacionadas con las emociones (amígdala cerebral y giro del cíngulo), la memoria (hipocampo, cerebelo) y la percepción del horario (hipotálamo). Algunas cosas cotidianas, a veces inverosímiles, tienen una relación directa con la inteligencia, por ejemplo, no es lo mismo recordar detalles a las 10 de la mañana que a las ocho de la noche. Metabolismo, glucosa y temperatura cambian y modifican la atención; en consecuencia, influyen en la expresión de la inteligencia. Recordar, analizar, adaptar y proyectar son los elementos que nos hacen inteligentes. Un cerebro cansado, enojado, con hambre o en monotonía disminuye hasta 20% su capacidad de inteligencia.

¿Qué sugiere la ciencia para hacer que nuestro cerebro se conecte mejor y pueda influir positivamente en su inteligencia? ¿Es posible hacer que la neuroquímica y la anatomía funcionen mejor para optimizar ecuaciones y tomar decisiones? A continuación algunas posibilidades para hacer más eficiente nuestro cerebro y favorecer su inteligencia:

1) *Saber utilizar el tiempo:* darles importancia a los tiempos dedicados a las actividades cotidianas. Sin prisas, otorgar tiempo a cada cosa, decisión o análisis. El hipotálamo ayuda en este proceso. Saber que tenemos tiempo y controlarlo ayuda al cerebro a poner más atención y jerarquizar su atención.

2) *Escribir con puño y letra lo que se aprende:* escribirlo en computadora, tableta o teléfono disminuye la capacidad de atención y memoria, en promedio 30% respecto a si lo hacemos con la mano. Escribir un resumen, sintetizar la idea o esbozar las palabras precisas al final de una sesión es el proceso que ayuda a dominar las cosas, una estructura relacionada con

la memoria como lo es el hipocampo se activa más cuando escribimos a mano.

3) *Elaborar un listado de lo bien hecho y uno de lo que falta:* saber el resultado de nuestros esfuerzos motiva; nuestras neuronas liberan dopamina, específicamente en áreas relacionadas con las emociones, por lo que ayudamos a sentirnos bien y crecemos la autoestima. Saber que se puede terminar una lista de pendientes nos hace muy eficientes. Esto ayuda a tomar mejores decisiones. La corteza prefrontal y el sistema límbico trabajan en forma sistemática y llevan a buen fin este proceso.

4) *Construye juguetes armables, arma rompecabezas o haz juegos de palabras:* pensar palabras, formar frases, adelantarse a un enunciado, jugar ajedrez o un juego de mesa con estrategia es un proceso cerebral de atención y actividad constante. Practicar estos juegos permite que el cerebro conecte más neuronas en tiempos más rápidos en el área CA1 del hipocampo y núcleos del cerebelo relacionados con el lenguaje, esto se traduce en mayores estrategias para elaborar el lenguaje y un mejor recurso discursivo.

5) *Tener amigos inteligentes sí ayuda a la inteligencia:* compañeros, amistades o ayudantes con inteligencia aportan siempre para resolver problemas, sugieren soluciones o influyen para lograr más rápido el objetivo. Los inteligentes ayudan a aprender algoritmos, palabras, frases, análisis, experiencia. Este proceso dinámico de copiado psicológico para la solución de problemas ayuda al cerebro a tomar mejores

decisiones y a tener seguridad. Tener amigos inteligentes fortalece las conexiones neuronales de la corteza prefrontal y los ganglios basales, lo cual permite un mejor aprendizaje y la solución de un problema.

6) *Leer libros:* la capacidad de memorizar activa áreas neuronales para proyectar ideas en el tiempo, ser creativo y fortalecer áreas cuyas conexiones mejoran la capacidad de recordar. Esto lo ofrece con mayor énfasis la lectura de un libro, pero no se logra con una nota periodística o una revista. Si se está motivado por la lectura, leer al menos 10 libros al año se relaciona con un mayor volumen de áreas cerebrales ligadas a la memoria y el lenguaje.

7) *Si el cerebro explica a otros, sí se hace más inteligente:* esforzarse para sacar conclusiones, analizarlas, decirlas y diseñar un modelo para repetir la información de manera selectiva y explicar con un resumen la información, es un proceso muy activo de la corteza cerebral. Decir un concepto a su mínima expresión reditúa en un manejo y control de la información, esto hace a un cerebro más conectado y seguro.

8) *Promover la creatividad:* problemas inmediatos, experiencias inesperadas, acontecimientos que demandan mucha atención ayudan al cerebro a conectarse rápido; si se buscan soluciones utilizando nuevos conceptos y alternativas, el cerebro por su plasticidad neuronal se adaptará a los nuevos cambios. Cualquiera que sea el proceso, activa al cerebro en general, modificando el ambiente bioquímico para que se conecte con más eficiencia; hacerlo con creatividad

incrementa más la memoria. Esto ayuda al cerebro al aprendizaje de nuevas formas para conectarse.

9) *Un nuevo idioma, hablarlo y pensarlo ayuda al cerebro a ser más inteligente:* aprender un idioma, palabras, semántica y prosodia nuevas permiten al cerebro conectar áreas que a su vez ayudan a mejorar la atención. Este proceso, a cualquier edad, auxilia desde la infancia hasta la madurez. Un cerebro esforzado en hablar un idioma nuevo y probar su éxito de comunicación tiene una satisfacción distinta respecto a otro proceso social y, sobre todo, las conexiones neuronales utilizadas podrán ser el andamiaje neuronal para nuevos conceptos y aprendizajes.

10) *Saber tomar un descanso:* disfrutar un periodo de vacaciones, desconectarse un fin de semana, tomarse una hora después de un gran esfuerzo permite al cerebro incrementar dopamina, endorfinas y oxitocina. Un premio ayuda a sentirse mejor. Un descanso ayuda a mejorar la memoria en los momentos más críticos. Las mejores decisiones se toman después de un merecido descanso. Las mejores interacciones en una oficina caótica pueden mejorar a la hora de la comida, en una fiesta o simplemente relajándose en la convivencia con el equipo de trabajo. Un cerebro que descansa y rompe rutinas es un cerebro más adaptado para tener atención, para mejorar la memoria y, en consecuencia, la inteligencia.

Enséñale a tu cerebro quién manda

1) La inteligencia humana no es una característica inmodificable. Aunque depende de las primeras etapas de la vida, no hay límite de edad para incrementarla.

2) Ser inteligente es una capacidad del cerebro y no necesariamente la mide el coeficiente intelectual.

3) Recuerda: las mejores decisiones se toman después de un merecido descanso. Las mejores interacciones en una oficina caótica mejoran con una comida amena, por medio de una reunión o sólo relajándose.

EL CEREBRO MILLENNIAL

Una generación es mucho más que un conjunto de facetas culturales compartidas en su momento histórico, sus miembros tienen en común experiencias sociales, artísticas y políticas. Todos pertenecemos a una generación acotada por el tiempo y sus características. La taxonomía de las generaciones indica que los nacidos entre 1949 y 1968 son denominados generación Baby Boom, con una relación muy íntima con la explosión demográfica y cuyo rasgo característico es la ambición económica, política y social. La generación X, los nacidos de 1969 a 1980, con varias crisis político-económicas en su periodo y cuyo rasgo característico es la obsesión por el éxito. Los millennials (generación del periodo 1981 a 1993, también denominada generación Y) trajeron consigo el proceso de identidad relacionado con el avance tecnológico y cuya característica emocional es la frustración constante. Finalmente, la generación Z es la de los nacidos entre 1994 y 2010, tienen como característica histórica la expansión y el manejo intensivo del internet y muestran la irreverencia como su rasgo particular.

Los millennials se caracterizan por ser nativos de la era digital, les encanta la tecnología, la vida independiente y emprendedora. Uno de sus principales objetivos es lograr enriquecer su salud mental y física aprendiendo nuevas habilidades. Prefieren los viajes a los lujos, consumen principalmente música en streaming (internet, inician la era Spotify, Apple music y sound cloud), por medio de aparatos digitales como los teléfonos celulares y las computadoras. Musicalmente identificados con Taylor Swift y Kanye West, Rihanna,

Justin Bieber, Katy Perry, Lady Gaga, etcétera. Cambiaron gradualmente de ir al cine al consumo de películas y series en la televisión. A esta generación le corresponde el incremento del consumo masivo del cine de superhéroes. Los millennials utilizan emojis para comunicarse, transforman sus principales comunicaciones en *hashtags*, *selfies* y memes. El común denominador es su gusto por *Dragon ball*, *Pokemon*, *Los Simpson*. La vida alrededor de los videojuegos es una constante de convivencia social.

Actualmente, entre 15 y 25% de los jefes de empresas que toman decisiones importantes pertenecen a la generación millennial. La rutina les agobia, son menos religiosos que generaciones previas. Tratan de mantener un equilibrio entre el trabajo, su vida personal y el cuidado ambiental. Han visto cómo generaciones anteriores han trabajado muchísimo para conseguir dinero y estatus, pero para ellos sus prioridades no son laborales, les preocupa menos el salario. Esta generación formará menos médicos (por primera vez se dejó de solicitar ingreso a escuelas de medicina y en cambio aumentó el intento de ser blogueros, youtubers o diseñadores gráficos).

El cerebro de un millennial está ávido de dopamina sin tanta oxitocina (más emoción con menos apego). Endorfinas de fácil inducción y adicción a lo inmediato con demasiada noradrenalina de compulsión. Una corteza prefrontal que aparentemente está tardando más en madurar, con una amígdala cerebral más funcional y adaptada a la competitividad, el narcisismo y al mismo tiempo necesidades de cumplimiento inmediato de lo que se desea. El buen humor se consigue con procesos más individuales que por factores de compartir con los seres queridos. Viven el proceso de sentir que la vida es más rápida, sin disfrutar sus logros y quitarles méritos a los demás. Tienen tendencia a la frustración más rápido por la inducción de una disminución veloz de serotonina, como lo que sucede en el cerebro depresivo.

Sin duda, el cerebro millennial tiene como características principales la creatividad, el éxito y la adaptación inmediata a su mundo, pero con una tendencia muy grande a frustrarse, así como una capacidad de prolongar su adolescencia por más tiempo, tardándose en madurar desde el punto de vista social y psicológico.

La clave para entender a los millennials es identificar sus necesidades biológicas, sociales y culturales, por lo que analizar algunas de sus características ayuda a entenderlos y al mismo tiempo genera reciprocidad con esta generación, la cual no es peor o mejor que ninguna, como todas, sólo tiene cualidades que ayudan a cualquiera a mejorar sus condiciones inmediatas:

1) Solicitan supervisión sin reglas rígidas.
2) Ante una gran adversidad regresan al hogar familiar.
3) Sus ganas de aprender les garantizan niveles altos de educación.
4) Tienen una actitud constante de incredulidad.
5) Con frecuencia van del egocentrismo al idealismo y la impaciencia.
6) Expresan poca confianza en las personas, hasta ponerlas a prueba.
7) Cambian de trabajo fácilmente, no generan grandes apegos laborales.

8) Internet es fundamental en su vida personal y profesional.

9) Favorecen la independencia y rechazan sentirse sub-
estimados.

10) Las innovaciones y la tecnología los seducen amplia-
mente.

Enséñale a tu cerebro quién manda

1) Los millennials no son adictos digitales. Es exagerada esa aseveración. No hay estudio clínico que lo demuestre.

2) Los millennials sí buscan libertad en la toma de decisiones e independencia laboral y personal; justifican sus resultados, pero como cualquier cerebro, independientemente de su generación, suelen tomar decisiones adecuadas. Un mito muy común indica que los millennials "dejan el barco en situaciones críticas", lo cierto es que no hacen grandes apegos y suelen balancear adecuadamente sus procesos laborales.

3) El cerebro de un millennial es igual de genial, creativo y propositivo que cualquier cerebro. Es la naturaleza de los avances tecnológicos la que los hizo adaptarse más rápido a estas circunstancias.

¿CÓMO HABLAMOS?

El lenguaje es el resultado de una gran actividad mental, del desarrollo de conexiones neuronales y la consecuencia de un proceso dinámico-continuo de plasticidad neuronal del sistema nervioso central. Hablar, entender el lenguaje y escribirlo depende de varias áreas cerebrales: unas para recordar (el hipocampo, el hemisferio cerebral derecho, el cerebelo y los ganglios basales), otras relacionadas con la motivación (la amígdala cerebral, el área tegmental ventral y el giro del cíngulo), con la actividad neuronal en áreas del entendimiento e interpretación de las palabras (área de Wernicke, ubicada en el lóbulo parietal izquierdo) y ejecución de la foniatría, velocidad de emisión de las palabras e inclinación del mensaje (área de Broca, lóbulo inferior del hemisferio cerebral temporal izquierdo). Para hablar y entendernos usamos más el hemisferio cerebral izquierdo (detección acústica y percepción), y para modular e interpretar cómo hablamos utilizamos el hemisferio cerebral derecho (palabras abstractas, tareas semánticas e inhibición contralateral).

El lenguaje está implícito en todos los procesos cognitivos: el aprendizaje y la atención. Somos la única especie que desarrolla fonemas (elementos sonoros), les atribuimos sintaxis (orden y forma), semántica (significado) y gramática (relación de significado con conocimiento). Además, para comunicarnos, el entendimiento del lenguaje se basa en articular frases usando diferentes tiempos de conjugación (pasado, presente y futuro).

Entre la semana 27 y 28 de vida intrauterina el bebé escucha por primera vez el lenguaje de su madre, percibe las primeras palabras, sus cantos, su voz, sus emociones a través de sus entonaciones; aunque no entiende el significado de lo que escucha, puede identificar la prosodia con la que se emiten las palabras, acompañadas de emociones que apenas empieza a entender. A partir de la semana 31 de la etapa intrauterina se desarrolla la estructura cerebral llamada *plenun temporale*, la cual es fundamental para el desarrollo, el aprendizaje y las modificaciones subsecuentes del lenguaje escrito y hablado. Esta estructura cerebral es la que conecta anatómicamente al área de Broca (lóbulo frontal inferior izquierdo, que sirve para generar los movimientos de la lengua y la faringe) con el área de Wernicke (lóbulo parietal izquierdo, que sirve para entender todas las palabras que sabemos). Por ello, niños prematuros tienen problemas de lenguaje. Al nacer, la voz humana es la principal inductora de plasticidad neuronal, es decir, entre más se le hable al niño más rápido comunicará diversas áreas cerebrales.

El lenguaje no es innato, se tiene toda una maquinaria neuronal creativa e innovadora para desarrollarlo y aprenderlo en tiempos críticos de la infancia. Hablar nuestra lengua materna es el resultado de haber pasado varias etapas para dominarla: iniciamos con un balbuceo, se continúa con monosílabos (etapa egocéntrica), gradualmente evoluciona hasta realizar bisílabos (etapa en la que se realizan los monólogos), para finalmente lograr un lenguaje estructurado.

De acuerdo con la edad, el cerebro aprende a hablar en diferentes etapas: la primera es la sensoria motora (cero a dos años), en ella aprendemos a hablar a través de manifestaciones simbólicas. Ésta avanza a la segunda etapa, denominada preoperatoria de articulación de fonemas (dos a siete años), en ella realizamos una fuerte socialización. Entre los siete y

12 años pasamos a la etapa de operaciones concretas, periodo crítico para aprender reglas de adaptación social a través del lenguaje. Finalmente, de los 12 a los 15 años cursamos la etapa de operaciones formales en las que al cerebro le quedan claras las reglas gramaticales.

El lenguaje genera conexiones neuronales, incrementa la actividad de áreas específicas y provoca que el cerebro se motive para hablar en la medida en que aprende más palabras. Hablar requiere de tres procesos cerebrales dinámicos, realizados en las áreas frontales y parietales, en comunicación dinámica con el cerebelo en proceso de integración con áreas de memoria (hipocampo) y emoción (amígdala cerebral): inicialmente debemos seleccionar y ordenar palabras y pensamientos, después coordinamos el tiempo de control muscular y finalmente ejecutamos los movimientos requeridos de los músculos necesarios para la afonía que deriva en las palabras: así es como hablamos, después de un gran proceso de aprendizaje, ensayo y error.

Escuchar sonidos en el área temporal del cerebro genera activación de áreas del tallo cerebral que a su vez motivan cambios en la actividad cardiaca y respiratoria. La comunicación neuronal también viaja hacia arriba, se activan en serie y en paralelo áreas cerebrales del hemisferio izquierdo; así, se piensa, se analiza y en menos de 300 milisegundos se comprende el mensaje. Se interpreta y se genera una emoción, luego se inicia el proceso de emitir una respuesta, ésta se da en 900 milisegundos o a más tardar en un segundo. Estudios clínicos muestran que la voz femenina llama más la atención que la voz masculina, sin embargo, entre más aguda es la voz, ésta suele inducir cansancio. De ahí que la ventana de tiempo para poner atención por parte del hipotálamo es de 18 a 22 minutos, después de este tiempo es común que un varón al escuchar a una mujer se canse y desconecte su atención al mensaje que recibe de ella, además esto puede ser el sustrato neurofisiológico de por qué las mujeres suelen tener más tiempo de atención y pueden memorizar más palabras.

Hay palabras que nuestro cerebro reconoce más que otras, en especial las que se conocen desde las primeras etapas de la vida: monosílabos ("sí", "no", "mío"); colores y frases que detonan emociones: "Te amo", "te quiero" o "te odio". Es posible cambiar el significado de ciertas palabras en nuestro cerebro, aunque nos cuesta trabajo, generando por momentos confusión o disonancias cognitivas. Es más fácil aprender un segundo idioma que cambiar el primer significado de muchos conceptos o la atribución a palabras que ya dominamos; incluso la manera como escuchamos el humor, pues las primeras palabras de nuestro idioma dejaron huellas sinápticas para toda la vida: solemos reírnos más por un chiste o una broma cuando la escuchamos e interpretamos en nuestra lengua materna que en un segundo idioma.

Enséñale a tu cerebro quién manda

1) Hablar es un proceso que ayuda a la comunicación neuronal. Entre más se le hable a un cerebro, más se le estimula, independientemente de la edad que tenga.

El lenguaje es un producto de la inteligencia humana y realizarlo premia con una mayor comunicación entre áreas del cerebro.

2) Cuando hablamos, comunicamos una gran cantidad de información a los dos hemisferios cerebrales con gran eficiencia, pocas actividades fisiológicas realizan un evento con tal magnitud y vigor, no sólo en nuestro cerebro, esto ocurre también en el cerebro de quien nos escucha y pone atención.

3) El poder de la voz humana es muy grande en la vida de todos los seres humanos. La inteligencia, creatividad y desarrollo de las culturas están relacionados con su lenguaje, su comunicación. El lenguaje es un elemento de reciprocidad exitosa entre lo biológico, lo psicológico y lo social.

EL CEREBRO HUMANO ENTIENDE LA MUERTE

Una de las cualidades del cerebro humano es que en la etapa madura sabe de la trascendencia de su vida y al mismo tiempo sabe que un día morirá. A diferencia de otros mamíferos, los humanos sabemos interpretar conductas y apegarnos a ellas por medio de ritos sociales de convivencia. La llegada de un nuevo ser a la familia que comparte genes, que comúnmente se parece a los padres: un bebé, se acompaña de alegría e ilusión, como si volviera a empezar la esperanza de hacer las cosas bien, de tener otra oportunidad para no cometer errores graves; este proceso gradualmente se desensibiliza en la medida en que el hijo crece. Pero el final de la vida de alguien a quien queremos comúnmente se acompaña con tristeza y dolor. Ninguna muerte de un ser querido pasa desapercibida, aún más, las conductas alrededor de la despedida definitiva se acompañan de una mezcla de culpa, miedo, enojo y en ocasiones desesperación.

No es la misma sensación de dolor cuando hay una muerte intempestiva que cuando hay un sufrimiento crónico, en el último caso, la muerte puede convertirse en un estado de paz y tranquilidad para los deudos, pues el cerebro humano espera un resultado, y éste se aceptará de mejor manera. Las redes neuronales que tratan de entender la pérdida sorpresiva, que se activan ante el desconcierto, comúnmente inducen la percepción de una mayor vulnerabilidad y de sentimientos de consternación y sufrimiento muy intensos. En estas condiciones es tan grande el dolor que no se acepta la pérdida, el cerebro de inmediato activa redes neuronales de recuerdos, memorias y antecedentes del pasado para enfrentar el sufrimiento, atenuar la pérdida y como medida de protección para evitar el llanto. Es común que en estas condiciones el cerebro busque cotidianamente volver a convivir con la persona, insiste en sentirla y le cuesta cada vez más trabajo sentir que no volverá a verla. Gradualmente existe una mezcla de buenos recuerdos y sentimientos de culpa asociados con una visión dolorosa del futuro, nos sentimos desesperados y por momentos enojados, vacíos y amargados. El inicio de un duelo patológico es ver un futuro desolador y sombrío que no cambia en los próximos 12 meses.

No obstante, el duelo tiene varias fases. Para el cerebro, superar la muerte de una persona muy querida consiste en hacer que su recuerdo se convierta en una guía. Es síntoma de alivio cuando la persona es capaz de realizar nuevas relaciones, generar nuevos proyectos y continuar su vida, entendiendo su pérdida irreversible; debe quedar claro que no hay reglas de un duelo sano, aunque sí existen datos de duelos patológicos. Depende de la salud mental del cerebro de los deudos, cómo manifiestan las conductas de aceptación, dolor, incluso la aparición de procesos patológicos semanas después de la muerte de un ser querido.

La gran mayoría de las personas, durante una semana, pueden sentirse fortalecidas y acompañadas, sin embargo, con los días vuelven a tener una segunda caída que puede durar hasta tres semanas. En otras palabras, existen dos procesos de gran tristeza, uno fortalecido de inmediato por el contacto social y otro a mediano y largo plazo, el cual puede involucrar condiciones patológicas de aceptación. En estudios epidemiológicos se muestra que 10% de las personas puede seguir con tristeza seis meses después de la muerte, sin embargo, gradualmente este evento disminuye. Alrededor de 16% de la población llega a padecer depresión por la muerte de una pareja un año después de muerto el cónyuge. Es decir, una de cada 10 personas puede resolver la pérdida de un ser querido en menos de seis meses, pero casi el mismo porcentaje puede generar consecuencias patológicas de no aceptación ante la partida de un ser querido. Desafortunadamente el cerebro asocia la nostalgia con un intenso dolor debido a que generalmente relaciona el pensamiento con no haberse despedido bien del fallecido, esto en ocasiones se acompaña del sentimiento de culpa y provoca un pensamiento recurrente de deseo de volver a tener a la persona, lo cual incrementa el duelo; los recuerdos nos hacen llorar, sentir nostalgia, nos causan desesperación o enojo; paradójicamente, de forma efectiva, una terapia adecuada puede ayudar a confrontar los recuerdos, a superar la pérdida y adaptarnos a la nueva realidad.

El cerebro de una persona que sufre por la muerte de un ser querido disminuye de manera inmediata la concentración de dopamina en el sistema mesolímbico cerebral, es decir, le cuesta mucho trabajo sonreír y apreciar las cosas buenas de la vida. Además, gradualmente los niveles de serotonina disminuyen generando una percepción dolorosa de la vida asociada con una obsesión de regresar a tiempos pasados. A nivel inmunológico, se modifica la liberación de sustancias que activan a los linfocitos T, lo cual gradualmente incrementa la probabilidad de procesos inflamatorios que predisponen a la manifestación de enfermedades oportunistas, y la desregulación de cambios en la actividad celular de ciertos órganos, predisponiendo la aparición de cáncer.

El cambio en la expresión de sustancias vasoactivas con una disminución de proteína BDNF en el corazón predispone la aparición de enfermedades cardiovasculares con aumento de la presión arterial, esto con mayor énfasis en los dos años posteriores a la muerte del ser querido, este fenómeno es el principal factor biológico asociado a un duelo patológico; las redes neuronales que procesan interpretación de conductas, dolor físico y moral, asociadas a la nostalgia, se sobreponen y la actividad cerebral funciona de manera obsesiva y monotemática.

Una resonancia magnética indica claramente el incremento de activación de varios núcleos del cerebro, en especial: el giro del cíngulo, el hipocampo y el núcleo accumbens; esto indica que en los momentos de mayor tristeza el cerebro anhela sentir recompensa con sólo recordar a la persona fallecida. Evidencias clínicas indican que de acuerdo con los niveles de oxitocina del cerebro, hormona responsable de la sensación de amor y construcción de apego entre los seres humanos, la sensación de pérdida es proporcional a los niveles de oxitocina. Las personas que más nos quisieron, nos besaron y nos abrazaron son las que más generan apego, al mismo tiempo son las que más dolor ocasionarán cuando mueran. La costumbre y la cotidianidad de vivir con una persona se construye con base en oxitocina; de ahí que cuando observamos la fotografía de un ser querido deja de ser un pedazo de papel impreso y el cerebro genera una gran liberación de oxitocina que nos tranquiliza, nos da soporte psicológico, incluso puede hacernos sentir acompañados.

Investigaciones recientes indican que cuando una persona se siente muy satisfecha con la relación de pareja que tiene, cuando la muerte es intempestiva el luto puede acompañarse por largo tiempo. En contraste, relaciones de pareja problemáticas suelen hacer luto por corto tiempo, en este último caso porque las personas sufrieron mucho con el ser que murió, es común que se resistan a esa muerte o eviten despertar al dolor.

Cuando más complejo y profundo es el duelo de una persona, suele pasar que quiera hablar del origen de sus problemas con el ser que murió y de la posibilidad de haberlos solucionado en vida; en estos casos la terapia psicológica siempre ayuda, no tener apoyo profesional prolonga más tiempo el dolor de la separación y al mismo tiempo aumenta la incertidumbre. El cerebro humano siempre está en condiciones de aprender, un duelo siempre enseña nuevas conductas y experiencias, por lo que reconocer los sentimientos y aceptar la pérdida es un factor que ayuda a evitar un duelo por mucho tiempo. Es recomendable evitar frases con poco contenido emotivo como: "Sé cómo te sientes y esto se va a pasar", "échale ganas", "la vida va a continuar, trata de adaptarte", "no llores, a la persona que murió no le gustaría verte llorar". A los deudos siempre hay que darles un espacio físico y temporal para expresar sus necesidades, dejarlos decidir en un marco de apoyo social y, por supuesto, ser tolerantes y nunca esperar gratitud o algún tipo de pago o recompensa.

La muerte es un proceso asociado a nuestra vida, sólo muy pocos se preparan para ella. A lo largo de nuestra vida vamos a perder sin remedio a muchos seres queridos, nos harán falta en algunos momentos de nuestra vida, nos sentiremos confusos respecto a algunos sentimientos, es normal. La mejor forma de expresar gratitud a esa persona es saber que siempre vivirá en nuestro cerebro, que no liberará más dopamina con su recuerdo, nos sentiremos acompañados algunos momentos por la liberación de oxitocina al recordar cómo nos abrazaba y las palabras que nos decía. La mejor experiencia de gozar la vida es regocijarnos con ella, entender la presencia de otras personas en la nuestra y sentirnos felices de haber coincidido en ese punto de la historia.

Enséñale a tu cerebro quién manda

1) Aunque no hay reglas, conductas o tiempos que digan cómo vivir un duelo sano, sí podemos identificar cuándo se convierte en patológico; por ejemplo, si es de la misma intensidad de seis a nueve meses después, aunque algunos terapeutas indican que el límite es un año. También cuando una persona ve afectada cada vez más su autoestima, no puede retomar confianza en su propia vida, evita pensamientos o lugares que le recuerdan a la persona fallecida, hay un aplanamiento emocional constante asociado a resentimiento y enojo combinados con desconcierto y desconsuelo.

2) Superar un duelo por la muerte de alguien costará más trabajo si la persona que sufre la ausencia tiene

antecedentes de depresión, pasó por situaciones de violencia, aislamiento, suicidio, experiencias traumáticas como abandono, abusos en la niñez, vivió separaciones caóticas o mantenía una relación de codependencia con el fallecido.

3) Cuando una persona muere, solemos "editar" eventos negativos o cualidades no positivas del fallecido, inicialmente como forma social de aceptación y luego como un proceso cognitivo natural. Los muertos en una evaluación futura suelen no ser malos, sino víctimas de circunstancias. De ahí que resulte relativamente frecuente que a los fallecidos se les perdone, se toleren sus excesos y al mismo tiempo se incrementen sus cualidades, más aún cuando estos fallecidos tuvieron gran desapego en la familia.

———

EL MAESTRO

¿Cuáles serían las similitudes entre: 1) la luz del sol que se refleja en el mar al inicio del día; 2) el sonido estocástico de las gotas que caen durante la lluvia, y 3) el consejo de una persona con gran experiencia en el momento más oportuno?

Los tres eventos analizados de forma científica son irrepetibles en la magnitud que los captura la atención y emoción de nuestro cerebro; por más que se repitan con frecuencia en nuestra vida, tienen un periodo crítico, es decir, después de la primera vez, no vuelve a ser igual. El sol siempre es el mismo, pero su incandescencia y calor cambian, no hay ninguna lluvia igual y los consejos, palabras y conceptos de la persona indicada trascienden en la vida.

Un profesor suele inspirar a sus alumnos en el aula de clases, pero también fuera de ella, las palabras de los mejores profesores perduran en el tiempo. Sus discípulos llegan a confiar en sus maestros porque ven habilidades que otras personas no tienen: el profesor suele no cansarse —al menos nunca muestra su vulnerabilidad—, tiene menos defectos que el mundo promedio y su experiencia probada lo hace digno de confianza y fuente de conocimiento. Son los primeros inspiradores del método científico: observación y generador de hipótesis. El profesor suele ser en la vida de algunos alumnos fuente de inquietudes y la proyección de sus decisiones. Los buenos académicos eclipsan la vida de muchos alumnos. Es cuestión de cerrar los ojos en este momento y vendrá a nuestra mente la imagen de los mejores profesores de nuestra vida, sin duda nos generan emociones a veces encontradas, pero a la gran mayoría los recordamos por los buenos momentos que pasamos con ellos.

El cerebro de un alumno motivado es el sustento más potente de su creatividad. Sus neuronas cuentan con una gran capacidad de conexiones neuronales y una neuroquímica cerebral tendiente a memorizar, poner atención e incrementar su nivel de inteligencia si el profesor lo hace sonreír y reflexionar con una buena historia emotiva que acompañe a la clase. En estas condiciones, un buen profesor sabe que la clase ha sido un éxito cuando más preguntas inesperadas se hacen. Los alumnos, por su parte, suelen ser la fuente de la juventud y la franqueza para el cerebro del profesor.

Es en el aula donde muchos alumnos encontraron la inspiración de lo que estudiarían en la universidad para ser profesionales. Es ahí donde el profesor le enseña al alumno a aprender, a conocer, a vivir. El buen profesor convierte al alumno en la mitocondria que nunca deja de funcionar para mantener la energía de la célula... el alumno debe ser el electrón que si se pierde transforma en reducción a otro elemento. Un profesor siempre ayudará al alumno a convertirse en verbo, sustantivo y la oración más importante de un texto. Algunos maestros hacen que sus alumnos sean el ATP de muchas reacciones en la vida, la energía de la vida, la entropía de muchas decisiones y los vectores más importantes en la historia de muchas vidas.

Un buen estudiante piensa más de lo que a veces confiamos o creemos, está en edad de aprender con el ejemplo, sin petulancia y al mismo tiempo ejerciendo la exquisita levedad de su juventud. Ellos llevan también, sin saberlo, el testimonio de educación y los pensamientos críticos aprendidos en el aula y los laboratorios. El profesor otorga el consejo y el aprendizaje de ciencia, justo cuando el alumno está dispuesto a obtenerlo; el conocimiento es mayor cuando alguien quiere aprender, no cuando alguien quiere enseñar.

Los buenos profesores transmiten sus experiencias, conocimientos e inspiran a las generaciones, son pilar fundamental e irrepetible (como la luz del sol, la lluvia y un sabio consejo) para forjar mejores sociedades. Los cerebros de estos profesores tienen una gran plasticidad neuronal en relación con la memoria, áreas auditivas y de asociación, motoras, y una gran conectividad de la corteza prefrontal. Son pocos los profesores que marcaron nuestra vida, pero por su inspiración y con su ejemplo motivaron a que muchos cerebros tengan amor por la ciencia, las letras, por seguir aprendiendo y tener las mejores experiencias académicas en la vida. Sin un buen profesor, mucho del conocimiento que hoy manejamos no sería posible.

Enséñale a tu cerebro quién manda

1) El cerebro aprende jugando en las primeras etapas de la infancia; cuando madura necesita una buena guía para facilitar el aprendizaje. Un mal profesor se puede convertir en uno de los obstáculos más complicados que se tengan en la vida, por esta razón es necesario

reconocer que los buenos profesores —que son los menos— trascienden positivamente en la existencia de sus alumnos.

2) La voz, los ejemplos y el lenguaje corporal de un profesor se convierten en piezas fundamentales en el reforzamiento del conocimiento.

3) La mayoría de las personas tiene sentimientos encontrados con las medidas disciplinarias que tuvo de un profesor en las primeras etapas del proceso enseñanza-aprendizaje. Pero a lo largo de la vida, cuando el cerebro del alumno madura y reconoce la importancia del conocimiento, modifica la sensación de enojo con el profesor por un sentimiento de nostalgia, cariño y afecto.

———————

LA MÚSICA EN EL CEREBRO

La soledad de Margarita tenía un componente que disminuía esa sensación, ese vacío: la música. Desde su infancia, Margarita imaginaba que dentro del radio que escuchaba había personas y músicos que le alegraban el día. El mejor regalo que tuvo fue su primer radio a los ocho años, lo tenía prendido casi todo el día, la música la acompañaba desde que despertaba, hacía los quehaceres de la casa, hasta las tardes en las que en el pueblo lejano donde vivía, la única razón por la cual era feliz era por la música que salía de su radio.

Así creció, cuando regresaba de la escuela a casa, sus fieles amigos, su radio y su música, siempre la esperaban. La música le daba creatividad, la hacía soñar despierta, la tranquilizaba si estaba triste y la hacía bailar cuando estaba sola. La música ayudó a Margarita a tener mejor léxico, mejorar su memoria y poner más atención. La acompañó todos los años de su adolescencia: en sus 15 años, en las fiestas del pueblo, en las reuniones familiares o cuando leía algún libro, no podía faltar su radio al lado. Cuando tuvo su primer novio, cuando realizó su primer viaje, la música siempre la acompañó. Margarita se casó y, por supuesto, hubo música. Cuando nacieron sus hijos, una manera de homenajear la vida de ellos fue ponerles música y cantarles las canciones que aprendió cuando era niña. Si bien la música cambió, sus gustos y felicidad siempre se acompañaron de música, desde que amanecía hasta que se dormía. Hoy Margarita tiene 60 años, tiene nietos y un esposo que en las tardes escucha música con ella. Su vida ha cambiado, pero el gusto por la música sigue igual que cuando tuvo su primer radio a los ocho años.

El cerebro es capaz de escuchar, percibir y emocionarse con la música desde antes de nacer, se sabe que a partir del séptimo mes de vida intrauterina el cerebro humano es capaz de identificar frecuencias y tonos musicales, este proceso es capaz de inducir una dinámica de conexión neuronal en el cerebro del bebé que aún no nace. Uno de los máximos inductores de plasticidad neuronal después de nacer es la voz humana, hablarle a un niño recién nacido es uno de los máximos detonantes para que las neuronas generen circuitos de activación. En los primeros meses de vida el cerebro tiene la capacidad de responder a melodías, incluso antes que la comunicación verbal de sus padres.

El cerebro de niños prematuros que no pueden dormir es beneficiado por los latidos de la madre o sonidos que los imitan, la música se convierte en uno de los principales inductores de madurez cerebral, de plasticidad neuronal con cambios irreversibles positivos para el cerebro. De esta manera, desde que nace un ser humano, la música activa casi todas las regiones del cerebro: las que generan y reaccionan a la emoción, a la recompensa y el placer, la atención y memoria, pero también al dolor y al movimiento corporal.

La música que nos gusta incrementa algunos neurotransmisores en el cerebro relacionados con la generación de la felicidad: adrenalina, dopamina, beta-endorfina y oxitocina; semejante a lo que hace una buena comida, el sexo o las drogas. Sólo que la música lo hace de una manera más efectiva.

Anatómicamente, la música favorece la conexión entre grupos de neuronas relacionadas con el aprendizaje, la interpretación de conductas, la memoria de corto plazo y también los circuitos de la memoria de largo plazo, así como las regiones cerebrales responsables de procesos motores, toma de decisiones y la sensibilidad. La percepción musical cambia a lo largo de la vida, el almacenamiento de las canciones que nos gustan permite una mayor madurez neuronal asociada con recuerdos de nuestra vida, por eso escuchar una canción nos lleva a muchos momentos de la adolescencia o la infancia, donde aprendimos las tonadas de una canción, de ahí que muchas terapias en el tratamiento de la enfermedad de Alzheimer estén relacionadas con musicoterapia. La respuesta cerebral a los sonidos está condicionada por la emoción que se recuerda de la frecuencia y los tonos musicales que se escucharon, dado que el cerebro tiene una base de datos almacenada y proporcionada por todas las melodías conocidas, cada canción puede modular diferentes estados de motivación y generar un gradiente de emociones variable en cada persona. Con sólo 400 milisegundos, antes de iniciar la secuencia musical, la actividad cerebral anticipa ya qué notas vienen, qué emoción le embarga y es capaz de percibir errores o cambios en la ejecución musical.

Los circuitos en la corteza cerebral, involucrados en la percepción, codificación, almacenamiento y en la construcción de los esquemas abstractos que representan las regularidades extraídas de nuestras experiencias musicales, hacen al cerebro más comunicado y con un incremento en la posibilidad de generar más impulsos neuronales por espacio y tiempo. Así, la música ayuda a construir expectativas emotivas y reforzamiento de conductas. La música acompaña al ser humano toda su vida e involucra directa o indirectamente actividad neuronal de eventos autobiográficos con las emociones. Guste o no, desde el rock, la música disco, pasando por reggaetón o música clásica, la música cambia la anatomía cerebral y favorece muchos eventos neuronales positivos cuyos cambios llegan a ser irreversibles.

Algunas canciones nos vuelven melancólicos, otras nos cambian el ánimo en forma inmediata. Suelen recordarnos circunstancias, personas, algunos pasajes importantes de nuestra vida, como una auténtica máquina del tiempo. La música es también una fuente de consuelo, 76% de la población mundial tiene una canción o una melodía que le genera consuelo y nostalgia, además de sentimientos positivos como amor, ternura, paz interior y gozo de la pieza musical como no lo hace otra.

La repetición constante de una melodía construida con una relación interválica armoniosa es lo que hace que se grabe en las neuronas, aun cuando esta canción no nos guste. Este proceso escapa de la capacidad voluntaria que puede tener en algunas regiones del cerebro. Por ejemplo, la canción "Despacito" empieza con ritmo similar al de una cumbia y al minuto 1:25 se adapta al reggaetón. Y cuando interviene Daddy Yankee se convierte en un rap para luego volver al reggaetón. Los *tempos* también la hacen atractiva para algunos cerebros, ya que la frecuencia de activación neuronal obtenida de esta canción la hace diferente a muchas, y aunque no nos guste se queda por más tiempo en el circuito de los ganglios basales, región del cerebro que repite constantemente información para poner atención. "Despacito" es el ejemplo de una figura rítmica muy corta, que después de cambiar el estribillo hace que la canción sea más fácil de reconocer y psicológicamente sea "más agradable".

Existen frecuencias rítmicas cortas conocidas como "gusanos auditivos", son como un hacker en los sistemas neuronales de memoria a corto plazo, logran que la melodía se instale en la memoria. Así ocurre con los *jingles* de algunos comerciales, lo que entra en este tipo de memoria, en general muy rápido puede dejar lugar a otras cosas. Esto explica el síndrome de la "canción pegajosa", consiste en escuchar ciertas melodías una y otra vez en nuestra cabeza de manera incontrolada para que se identifiquen de inmediato al menor acorde.

Enséñale a tu cerebro quién manda

1) Un área del cerebro relacionada con la memoria a corto plazo, el hipocampo, se activa y reverbera información con el tálamo (estructura que activa a la corteza cerebral) cuando la música es simple y repetitiva. Esto motiva, cambia la actitud y favorece la memoria.

2) Cantar es un proceso social que al cerebro le permite disminuir tensión y estrés. Cantar una canción con una persona o varias es uno de los principales generadores de felicidad y construcción de apegos en el cerebro humano. La música incrementa hasta 25% el desempeño físico y disminuye el cansancio.

3) Existe música que no nos gusta y tampoco nos motiva, pero se queda en nuestra memoria, estos *jingles* cortos

pueden ser remplazados por otros sonidos musicales cuya característica principal es que tienen de igual manera ritmos cortos, tonalidades altas y pegajosos para ofrecer la música que no nos gusta. Meter un *jingle* para sacar otro.

———————————

EL EJERCICIO Y SU BUEN
EFECTO CEREBRAL

Es conocido el efecto benéfico del ejercicio sobre la plasticidad neuronal, muchos de estos efectos se intuyen, se reconocen; sin importar la edad cerebral, el ejercicio aeróbico representa un factor positivo para el cerebro. Sin embargo, ¿cuáles son los efectos reales que induce el ejercicio en el encéfalo? ¿A través de qué mecanismos fisiológicos y moleculares cambia el cerebro?

El ejercicio aeróbico incrementa la plasticidad neuronal en los adultos mayores, específicamente se puede valorar en las pruebas de memoria, incremento en la producción de contactos sinápticos, aumento en la producción de sustancia blanca, lo cual ayuda a una mayor velocidad de transmisión de impulsos neuronales y además al incremento en la producción de nuevos vasos sanguíneos en el cerebro, cabe resaltar que en el cerebro de las mujeres los cambios benéficos son más significativos.

El ejercicio aeróbico por episodios agudos mejora transitoriamente la función cognitiva, mientras que el entrenamiento a largo plazo estimula la plasticidad neuronal, mejora las funciones cerebrales sensitivas, motoras e incrementa la velocidad en la toma de decisiones y puede ser un factor muy importante para evitar enfermedades neurológicas.

No obstante, la intensidad óptima varía en población, tiempos y evidencia de resultados, es decir, el ejercicio no tiene el mismo efecto en todas las poblaciones de adultos mayores. Las primeras evidencias moleculares indican que la proteína que permite un incremento de arborización dendrítica, y en algunas zonas del cerebro división celular, pues se incrementa la producción de las proteínas FNDC5 y del factor neurotrófico derivado del cerebro (BDNF, por sus siglas en inglés), se incrementa en forma inmediata después del ejercicio, por lo que si el ejercicio va acompañado de estimulación cognitiva, el impacto positivo sobre los procesos de comunicación entre el hipocampo y la corteza frontal son mayores.

Estudios indican que los cambios negativos debidos a la obesidad y el sedentarismo en el hipocampo y la corteza prefrontal pueden ser revertidos si se realizan rutinas de ejercicio durante tres semanas, alrededor de 15 a 30 minutos diarios. Incluso, este proceso puede entrar a la rehabilitación motora de los síntomas de la enfermedad de Parkinson, ya que el ejercicio contribuye a la acción terapéutica reduciendo el temblor. Además, existe una correlación positiva entre hacer ejercicio con la disminución del añadido de la proteína beta-amiloide en el hipocampo, responsable de la aparición de los signos de la enfermedad de Alzheimer.

El ejercicio físico incrementa en forma inmediata la liberación de dopamina y a mediano plazo de beta-endorfina, además el proceso también involucra un incremento en la actividad colinérgica en el tálamo, en especial en el cerebro femenino, cambiando con ello la frecuencia de activación de redes neuronales para poner atención.

El ejercicio incrementa la oxigenación de la sangre y, en consecuencia, de todo el cuerpo, pero en especial del cerebro, los músculos y los riñones, regula la presión arterial por su eficiente aporte de oxígeno y sensibilidad al CO_2 en el tallo cerebral. El corazón fortalece su fuerza de contracción y frecuencia y los riñones ayudan a una depuración más efectiva de las sustancias tóxicas del cuerpo. Regula los ritmos circádicos y la capacidad metabólica. En este punto cabe señalar que la producción de serotonina se hace más eficiente, por lo que ejercitarse con una actividad aeróbica contribuye a la recuperación en procesos de depresión.

El BDNF no sólo se produce en el cerebro, también en los músculos y en el corazón. Una hipótesis muy bien elaborada indica que una disminución de BDNF origina hipertensión arterial. De tal manera, el ejercicio gradual y supervisado es también un excelente agente terapéutico para el manejo de la hipertensión arterial. Evidencias clínicas indican que bailar es lo que más aumenta el BDNF a nivel corporal en relación con una mejora y crea mayor comunicación interhemisférica. Practicar el baile 60 minutos o poco más incrementa la memoria espacial y mejora los procesos emotivos. Es necesario remarcar la importancia que tiene la música y el factor de movimiento, y si el ejercicio se hace acompañado resulta más benéfico.

El ejercicio aeróbico de largo plazo incrementa significativamente la comunicación del área premotora y regiones frontoparietales del cerebro, asimismo, se incrementan las redes neuronales que se encuentran en la zona de la ínsula, la cual está involucrada en el proceso del dolor y también el giro del cíngulo, área ocupada en la interpretación de emociones y que le otorga el proceso cognitivo al dolor. Además, contribuye al fortalecimiento sináptico de las neuronas de la médula espinal, las cuales son las primeras neuronas en morir en el proceso de envejecimiento, de tal manera que hacer ejercicio retrasa los datos de envejecimiento inicialmente en la médula espinal.

A nivel molecular, el ejercicio rutinario durante más de un mes permite la división intracelular de las mitocondrias, haciendo más eficiente la producción de energía de las células musculares, cardiacas y neuronales. El metabolismo garantiza mayor eficiencia con el ejercicio en forma gradual pero sostenida, genera cambios también a nivel subcelular.

Todo parece indicar que, dado que uno de los sitios en donde se dividen más las neuronas, el hipocampo, es el más sensible a la concentración de BDNF, la participación del ejercicio en la vida es importante para el mantenimiento y la salud del hipocampo. El ejercicio representa una oportunidad y estrategia para estimular cognitivamente la plasticidad neuronal, por lo que hacerlo deriva en la activación neuronal por BDNF, al mismo tiempo que el factor retroalimenta al corazón y a los músculos. Queda muy claro que el ejercicio es la base de una cognición mejorada para la atención y el aprendizaje. Y sabemos también que es muy claro el efecto negativo que genera estar sentado. Con sólo 120 minutos de ocupar una silla sin movernos, el impacto negativo sobre los procesos cognitivos empieza a ser evidente. La vida es movimiento, el movimiento ayuda a nuestro cuerpo, en especial al cerebro.

Enséñale a tu cerebro quién manda

1) Los músculos, los pulmones, la oxigenación, el corazón se benefician por el ejercicio. Pero sin duda el cerebro

es quien lleva los mayores efectos benéficos. Un cerebro que ha sido sometido a ejercicio mejora en su toma de decisiones. También sus músculos, su marcha y la conducta son favorecidos.

2) El entrenamiento y la práctica se encuentran tras el incremento de FNDC5 y BDNF, que favorecen la formación de conexiones cerebrales que difícilmente revierten su nueva comunicación. Las zonas de memoria y proyección de la vida son las que mejoran en su conexión en la medida en que se hace más ejercicio.

3) Si de hacer ejercicios se trata, bailar es una alternativa, la música y el contagio de los movimientos se incrementa para favorecer aún más el efecto del ejercicio. Bailar induce una plasticidad neuronal hermosa, fascinante, que contribuye a mejorar la atención y la autoestima.

Despedida

Soy Arnulfo, tengo 82 años, estoy sentado en una cama de hospital, veo correr a enfermeras y a dos médicos dando indicaciones en forma enérgica, uno de ellos no deja de ver un monitor y señala varias cosas en la pantalla que no entiendo, el otro médico no cesa por llamar mi atención y repite varias veces mi nombre, mis ojos se entrecierran y hay una lágrima en mi mejilla derecha, ya no siento dolor, pero siento frío en mis pies, mi cuerpo está cubierto por una bata sencilla, no percibo sensaciones en mis manos, mi mente no está completamente clara, me cuesta mucho hablar, no entiendo a ciencia cierta qué estoy haciendo aquí, pero tampoco deseo moverme, ya no tengo miedo.

Al ver la luz neón blanca que está arriba de mi cama empiezo a reflexionar que ya la vida me dio varias lecciones, empezando por entender que el orgullo y el miedo nos quitan lo mejor de la existencia. He buscado el sentido y la lógica de la vida, pero he comprendido que la gran mayoría de las cosas que nos suceden no lo tienen. Me he equivocado cuando pensé que lo que nos hace felices por un día no nos hará felices toda la vida, que ahora mi cerebro desensibiliza la felicidad con mucha facilidad. He comprendido que la felicidad es un estado de plenitud que no se puede forzar. A mis 82 años he entendido que las separaciones nos acompañan en nuestra vida, el decir adiós a veces es imprescindible, otras veces es conveniente y algunas más es beneficioso. Mi cerebro ya lloró, divagó y sonrió, y he sido feliz por varios momentos en mi vida, aceptando que esas felicidades son cortas, que por más que insista, no recuerdo días de risas, sino que en realidad son momentos muy breves de felicidad. Sí, una de las grandes conclusiones de mi vida es entender que la felicidad es relativa, subjetiva y las personas que no la han tenido fácil les cuesta más ser felices al final de la vida.

Estoy empezando a entender que perder a quien se ama es una lección inevitable y dolorosa, es lo que más enseño a mis emociones y a mi forma de tomar decisiones. Los momentos con los amigos fueron únicos y la emoción que sentí por abrazar a mis hijos y a mis nietos es indescriptible y están troquelados aquí en mi cerebro; estos recuerdos hechos con la misma esencia neuronal de mis viajes, errores y experiencias. Hoy entiendo que hay un pequeño hilo que me ata al mismo oxígeno que respiran mis seres queridos. Cerrar este ciclo también forma parte de la vida, crecí y envejecí cambiando la percepción del mundo de acuerdo con el transcurso de mi vida. Hoy, en este punto veo las dos grandes fuerzas que me hacen tomar decisiones, las que tiran de mí y me empujan a aceptar con tranquilidad la posibilidad de estar en un mejor lugar. Dicen que antes de morir uno ve pasar su vida muy rápido, ¿será posible?

Mi cerebro se formó entre la tercera y la quinta semana de vida intrauterina, para conectar neuronas que gradualmente han madurado y me permiten este pensamiento.

Mi primera bocanada de aire al nacer, al primer segundo, generó una madurez increíble de mi cerebro y fue esa entrada de oxígeno la orden molecular para conectarse, para empezar a sentir por sí solo en este mundo.

A los tres meses sonreí por primera vez, para nunca dejar de hacerlo.

Al primer año mi cuerpo creció más que en cualquier etapa de mi vida.

Mi cerebro a los cinco años empezó a tener miedo de estar solo.

A los 10 años tuve mis primeros amores platónicos.

Cuando cumplí 15 años percibí conscientemente mi fortaleza física.

A los 20 años empecé a contar historias para enamorarme.

Cuando tenía 25 años tuve dudas de vivir con la persona que escogí para envejecer a su lado.

A los 30 años mi cerebro se dio cuenta de que no siempre tenía la razón.

A los 32 años me di cuenta de que ser padre no se trata de repetir los mismos recursos psicológicos y defectos de educación que me enseñaron a mí.

A los 35 años dudé de los consejos que no concordaban con mi lógica.

Después de los 40 años fue muy común pensar que el amor no siempre fue perfecto y que el desamor no es un castigo, pues ambos son aprendizajes.

A los 45 años reconocí que muchos amores son irrepetibles.

A mis 50 años acepté que muchos sueños nunca se realizaron. Empecé a percibir cómo los pequeños detalles se convierten en lo importante, en lo imprescindible. En esa época aprendí a despedirme de mejor forma.

Cuando cumplí 60 años siempre vi más viejos a mis contemporáneos y me sentí sabio por primera vez.

Me di cuenta de que cuando tuve 70 años ya no quería salir de casa, estaba cansado, recordando las mejores lecciones y consejos de mi madre.

Hoy que tengo 82 años acepto que fui un padre opaco al expresar mis emociones y sentimientos a mis hijos, pero que esta capacidad se revirtió con mis nietos. Fui muy afortunado al tener una segunda oportunidad para cuidar a mis genes.

Los médicos se han dado por vencidos. Hay un silencio espeso en la sala de urgencias del hospital; sí, creo que estoy en un mejor lugar, ya no siento frío, estoy conforme. Una enfermera llora a mi lado derecho, en su mano tiene una nota que le escribí a mi nieto, la cual he leído varias veces, pero no se la pude leer a él. Ahora recuerdo, sí, ¡ya recuerdo!, antes de sentir este horrible dolor en el pecho que me hizo ahogarme y motivó venir de emergencia a este hospital, le escribí algo muy sincero a mi nieto que se encuentra muy lejos de mí y es lo único que me faltó decir, lo voy a extrañar mucho, creo que él más a mí, más...

La enfermera, con lágrimas en los ojos, guarda el papel, el cual me dieron después y que leí varias veces, en voz baja, en el funeral.

Querido Eduardo:

Cerebro que no aprende límites, nunca los pondrá.
Si no lo enseñan a escuchar, difícilmente escuchará.
Si no te han querido, es difícil que sepas querer...
Si nunca te han dado reconocimiento,
*   te incomoda reconocer.*
Sin conocer la confianza, nunca confiamos en otros.
No olvides que siempre me tendrás a mí:

Tu abuelo

Enséñale a tu cerebro quién manda

Simplemente... para mi abuelo: gracias.

El perfecto cerebro imperfecto de Eduardo Calixto
se terminó de imprimir en el mes de julio de 2021
en los talleres de
Grafimex Impresores S.A. de C.V.
Av. de las Torres No. 256 Valle de San Lorenzo
Iztapalapa, C.P. 09970, CDMX, Tel:3004-4444